Flemming Topsøe

Spontane Phänomene

Facetten der Physik

Physik hat viele
Facetten: historische, technische,
soziale, kulturelle, philosophische und
amüsante. Sie können wesentliche und
bestimmende Motive für die Beschäftigung
mit den Naturwissenschaften sein. Viele
Lehrbücher lassen diese „Facetten der
Physik" nur erahnen. Daher soll
unsere Buchreihe ihnen
gewidmet sein.

Prof. Dr. Roman Sexl
Herausgeber

Eine Liste der erschienenen Bände
finden sie auf den Seiten 166—168

Flemming Topsøe

Spontane Phänomene

Stochastische Modelle
und ihre Anwendungen

Mit 25 Bildern,
24 Tabellen und 9 BASIC-Programmen

Aus dem Dänischen übersetzt
von Paul Ressel

Friedr. Vieweg & Sohn   Braunschweig / Wiesbaden

Dieses Buch ist die deutsche Übersetzung von

Flemming Topsøe,
Spontane fænomener
En matematisk analyse af radioaktivitet m.m.

Die dänische Orginalausgabe ist erschienen bei
Nyt Nordisk Forlag Arnold Busck A/S, Kopenhagen
Copyright © 1983 by Nyt Nordisk Forlag Arnold Busck A/S.

Übersetzer: Prof. Dr. *Paul Ressel*, Eichstätt

Die in diesem Buch enthaltenen Programme können Sie als Diskette erhalten, wenn sie
eine leere DOS-formatierte Diskette (5 1/4" 360 Kb oder 3 1/2" 720 Kb) und einen
adressierten Rückumschlag direkt an den Autor senden:

Dr. *Flemming Topsøe*
Københavns Universitets Matematiske Institut
Universitetsparken 5
DK-2100 København Ø, Dänemark

Der Verlag Vieweg ist ein Unternehmen der Verlagsgruppe Bertelsmann International.

Satz: Vieweg, Braunschweig

ISBN-13: 978-3-528-08909-2   e-ISBN-13: 978-3-322-86595-3
DOI: 10.1007/978-3-322-86595-3

Vorwort

In dänischen Gymnasien wurde viele Jahre lang diskutiert, wie man gewisse „Aspekte" in den Mathematikunterricht mit einbeziehen könnte, nämlich den historischen Aspekt, den Modellaspekt und den „philosophischen" Aspekt (die innere Natur der Mathematik). Am ausgeprägtesten war wohl der Wunsch, Beispiele „authentischer" Anwendungen der Mathematik zu geben. Natürlich sollte auch der Gebrauch elektronischer Datenverarbeitung in den Unterricht integriert werden. Diese Diskussion, deren Ursprung in einem gewissen Grad mit dem Jahr 1968 verknüpft werden kann, unterschied sich nicht wesentlich von dem, was auch andernorts vor sich ging. Der leicht akademische Charakter dieser Diskussion war aber nicht zu leugnen. Über das „Ob" und „Wie" (man es doch eigentlich machen müßte) wurden viele Worte verloren.

Mit diesen Verhältnissen im Hintergrund griff ich zur Feder, um an Hand eines konkreten Beispiels einen Weg zu skizzieren, Probleme der realen Welt mathematisch anzugehen. Ausgangspunkt sollte ein verhältnismäßig einfaches Problem sein. Meine Wahl fiel auf die Radioaktivität. Philosophisch gesehen ist dieses Thema faszinierend. Es gibt Anlaß, den Begriff der Spontaneität an Hand eines allseits bekannten Phänomens zu diskutieren. Die Wahrscheinlichkeitsrechnung erscheint in einem neuen Licht, da sie nicht nur als bequemes und effektives Hilfsmittel, sondern vielmehr als prinzipielle Notwendigkeit bei der Naturbeschreibung anzusehen ist. Darüber hinaus spielte es bei der Wahl dieses Themas eine Rolle, daß sich alle eingangs genannten Gesichtspunkte in natürlicher Weise in die Behandlung des Themas integrieren ließen.

Das Resultat meiner Arbeit haben Sie in den Händen. Das Buch ist ein Diskussionsbeitrag. Ich habe mir dabei gewisse Freiheiten erlaubt: Eine homogene Darstellung des Stoffes wurde nicht angestrebt; hinsichtlich des Themas bin ich über den normalen Gymnasialstoff hinausgegangen, und der Schwierigkeitsgrad ist teilweise, vor allem in den Übungen, ziemlich hoch. Auch habe ich verschiedene mögliche Einstellungen zum behandelten Stoff stilistisch frei wiederzugeben versucht, teils in einigen ausführlichen Diskussionen, teils durch Formulierung sogenannter „Thesen". Diese Thesen, die sicher nicht alle gleich tiefsinnig sind, sind als Denkanstöße aufzufassen.

Mathematik treibt man nicht im luftleeren Raum; ein vielseitiges Zusammenspiel ist erforderlich, darunter persönliche Stellungnahme und die Einbeziehung der uns umgebenden materiellen Welt. In einem solchermaßen erweiterten Zusammenhang ist Mathematik nichts absolutes. Kern des Ganzen ist stets Erkenntnis, aber Erkenntnis einer nuancierteren Art als beim Studium reiner, abstrakter Mathematik, eine Erkenntnis also, die man durch geschicktes Hantieren mit Epsilons und Deltas alleine nicht gewinnt. Ich hoffe, daß das Buch diese Auffassung widerspiegelt und unterstützt.

Möglicherweise − hoffentlich − zeigt das Buch gangbare Wege im Unterricht; vielleicht weist es aber eher darauf hin, daß eine fundierte Stellungnahme zu mathematischem Stoff einen hohen Grad von Reife erfordert, und daß die Behandlung authentischer Beispiele leicht tiefsinnig und technisch schwierig wird − sofern man sich eben nicht mit oberflächlichen Vereinfachungen begnügt.

Beim Gebrauch an Gymnasien sollte man das Buch am besten losgelöst vom Pflichtpensum in einer speziellen Unterrichtseinheit durcharbeiten, vorzugsweise in Zusammenarbeit zwischen den Fächern Mathematik und Physik. Kundige Anleitung beim Studium des Buches ist erforderlich, vor allem für den, der die Aufgaben bearbeiten will. Solche Anleitung vorausgesetzt, wird man sogar bis zu einem Modell für den radioaktiven Zerfall vorstoßen können (unter Benutzung von Übung 16). Aber die ausführlicheren Modellbetrachtungen im Haupttext geben sicher eine größere Einsicht und sind später von Vorteil (in den Kapiteln 14 und 15).

Es ist fast selbstverständlich, daß das Buch Anweisungen für Versuche enthält, die das aufgestellte Modell zu überprüfen gestatten. Das geschieht in Kapitel 16. Es wurde Wert darauf gelegt, daß die Versuche mit der an Gymnasien üblicherweise vorhandenen Ausstattung durchführbar sind. Die Behandlung des Zahlenmaterials erfolgt mit großer Sorgfalt, insbesondere im Zusammenhang mit Komplikationen, die aufgrund der unvermeidbaren Schwächen der Meßinstrumente entstehen (Totzeitproblematik). Um eine auf statistischen Prinzipien basierende Modellkontrolle zu ermöglichen, wird in Kapitel 17 der χ^2-Test erläutert und durchgeführt.

Der Haupttext endet mit einem historischen Abschnitt, in dem die Entwicklung der relevanten Mathematik und Physik skizziert wird.

Das Buch enthält einen Abschnitt mit 46 Übungen, die im Schwierigkeitsgrad und in ihrer Perspektive sehr variieren, von rein theoretischen Problemen (die viele sicher auslassen werden) bis hin zu statistischen und anwendungs-

VI

orientierten Aufgaben. Auf Übung 38 sollte man besonders hinweisen, da dort ein noch genaueres Modell des radioaktiven Zerfalls als im Haupttext dargestellt wird.

In einem gesonderten Abschnitt ist eine Reihe von Beispielen gesammelt, alle mit authentischen Daten, die nicht für eine mathematische Analyse erhoben wurden, sondern aus Interesse für das jeweilige Phänomen.

Schließlich enthält das Buch einige einfache Computerprogramme, die die Behandlung des Zahlenmaterials vereinfachen sollen.

Auch wenn der Ausgangspunkt gymnasialbezogen ist, so hoffe ich doch, daß das Buch auch auf Hochschulebene Anwendung finden wird. Der größte Teil des Haupttextes läßt sich dann sehr schnell behandeln, und man kann sich auf die Übungen und Beispiele konzentrieren (die für ein problemorientiertes Seminar gut geeignet sind) oder auf Versuche mit radioaktiven Quellen gemäß den Richtlinien, die in Kapitel 16 und in einzelnen Übungen gegeben werden (diese Richtlinien führen übrigens zu genaueren Bestimmungen als man sie in manchen Standardwerken findet).

In Zusammenhang mit der Ausarbeitung der dänischen Ausgabe dieses Buches schulde ich besonders den folgenden Personen Dank für mancherlei Rat: Erik Sparre Andersen, Lissen Haugwitz, Michael Hedegaard, Ulf Jacobsen, Søren Johansen, Malte Olsen und Erik Rüdinger. Für die Übersetzung ins Deutsche richte ich einen besonderen Dank an meinen Kollegen und Freund Paul Ressel.

Flemming Topsøe

Kopenhagen, im Mai 1989

Hinweis:

Die in diesem Buch enthaltenen Programme können Sie als Diskette erhalten, wenn sie eine leere DOS-formatierte Diskette (5 1/4″ 360 Kb oder 3 1/2″ 720 Kb) und einen adressierten Rückumschlag direkt an den Autor senden (Anschrift siehe Impressum-Seite, S. IV).

Inhaltsverzeichnis

1

Das Problem

Bei der Beobachtung eines radioaktiven Präparats kann man mit Hilfe eines Zählers, z.B. eines Geigerzählers, die Zeitpunkte für gewisse physikalische Ereignisse registrieren. In einigen Geräten werden diese Zeiten durch einen scharfen Laut, ein „Klick", kenntlich gemacht.

Bekanntlich liegen der Erscheinung „Radioaktivität" atomare Umwandlungen zugrunde. Sprachlich neutral werden wir diese Umwandlungen meistens *Ereignisse* nennen. Ab und zu werden wir die etwas genauere Bezeichnung *Zerfall* verwenden, weisen aber darauf hin, daß wir dieses Wort sowohl beim Übergang von Zuständen hoher Energie zu solchen niedrigerer Energie (und nachfolgender Aussendung eines γ-Quants) verwenden werden, als auch bei eigentlichen Kernumwandlungen, etwa bei α- oder β-aktiven Präparaten.

In der Praxis sind die ganz genauen Zerfallszeitpunkte schwer zu bestimmen. Das gilt insbesondere bei einer großen Zahl von Zerfällen pro Zeiteinheit (also bei hoher Intensität). Für unsere mehr theoretisch geprägten Überlegungen spielt das keine Rolle, aber wir haben das zu berücksichtigen, wenn wir später (Kapitel 10) die Theorie überprüfen wollen.

Es ist wichtig, darauf aufmerksam zu machen, daß wir nur an solche radioaktiven Prozesse denken, bei denen die Halbwertszeit des Präparates so groß ist, daß es sich während der Dauer der Beobachtung (einer Messung) nicht verändert, daß also die Intensität während einer Messung zeitlich konstant ist.

Das Versuchungsergebnis läßt sich auf einer Zeitachse darstellen, deren Nullpunkt den Beginn unserer Beobachtungen kennzeichnet. Jedes registrierte Ereignis (jeden „Klick") markieren wir mit einem Kreuz auf der Zeitachse.

Sei t_1 der Zeitpunkt des ersten Ereignisses, t_2 der Zeitpunkt des zweiten, usw. Wir nennen diese t_i *Eintreffzeiten* (Eintreffen des physikalischen Ereignisses, der jeweilige „Klick").

Mit v_i bezeichnen wir die *Wartezeiten,* d.h. v_1 ist die Wartezeit auf das erste Ergebnis, v_2 die Zeit zwischen dem ersten und dem zweiten Ereignis, usw.

Für die Anzahl der Ereignisse bis zum Zeitpunkt $t > 0$ führen wir die Bezeichnung $N(t)$ ein.

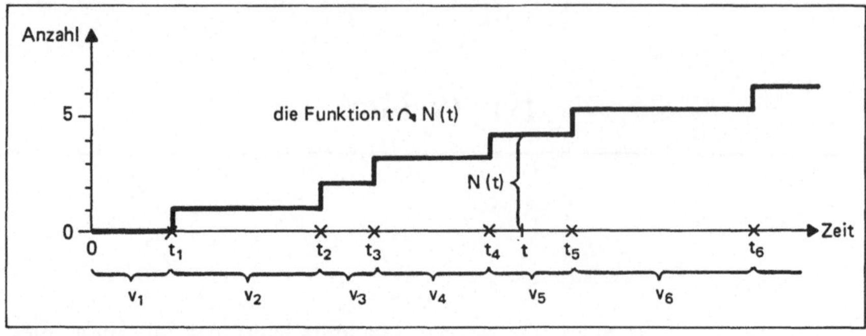

Bild 1

Bild 1 zeigt die Eintreff- und Wartezeiten sowie die Anzahlfunktion $N(\cdot)$ für eine bestimmte Beobachtung.

Eine (unendlich lange) Beobachtung ist eindeutig bestimmt durch einen der folgenden drei Datensätze: $(t_n)_{n \geqslant 1}$, $(v_n)_{n \geqslant 1}$ oder $(N(t))_{t > 0}$.

Es ist nicht wesentlich, wie $N(t)$ für einen Eintreffzeitpunkt t festgelegt wird. Wir wollen uns dafür entscheiden, $N(t)$ als Anzahl der Ereignisse im Intervall $]0, t] = \{s \mid 0 < s \leqslant t\}$ zu definieren. Dementsprechend nimmt die (nichtnegative, ganzzahlige, schwach monoton steigende) Funktion $N(\cdot)$ in ihren Sprungstellen den jeweils höheren Wert an. Wir setzen $N(0) := 0$. Um alle Eventualitäten zu berücksichtigen, wollen wir, falls genau zum Zeitpunkt 0, also am Beginn unserer Beobachtungen, ein Ereignis stattfindet, dieses ignorieren. Wir werden also immer $t_1 > 0$ haben. Man könnte im übrigen auch grundsätzlich immer genau mit dem Eintreffen eines Ereignisses die Beobachtung beginnen, um die erste Wartezeit genau so zu behandeln wie die folgenden. Wir weisen aber schon jetzt darauf hin, daß es für die uns interessierenden Phänomene keine Rolle spielt, wann die Beobachtung einsetzt. Wir haben:

$$v_n = t_n - t_{n-1} \; ; n = 1, 2, 3 \ldots \tag{1}$$

$$t_n = v_1 + v_2 + \ldots + v_n \; ; n = 1, 2, 3 \ldots \tag{2}$$

(mit $t_0 := 0$, so daß (1) auch für $n = 1$ gilt).

Der Zusammenhang mit der Funktion $N(\cdot)$ ist rein formelmäßig nicht so schön, aber wohl klar anhand von Bild 1. So ist t_n der Zeitpunkt, wo $N(t)$ von $n - 1$ auf n springt, und v_n ist die Länge des Intervalls, in dem $N(t)$ den Wert $n - 1$ annimmt.

2

Physiker haben entdeckt, daß man für viele Präparate Versuchsresultate von ähnlich unregelmäßigem Aussehen wie in Bild 1 erhält. Sie sehen darin einen wesentlichen Aspekt radioaktiver Prozesse und möchten derartige Beobachtungsergebnisse physikalisch „erklären".

Ein naheliegender Gedanke ist, daß es sich hier um ein *nichtdeterministisches* Phänomen, also etwas Unvorhersehbares handelt. Dennoch muß auch hier — und das ist dem Physiker intuitiv klar — eine gewisse Regelmäßigkeit vorliegen: Es ist wohl kaum so, daß jede auf dem Papier konstruierte Folge von Eintreffzeiten sich durch Beobachtung eines geeigneten radioaktiven Präparats realisieren läßt.

An diesem Punkt wendet sich der Physiker an den Mathematiker um Hilfe. Eine Beobachtung ist ja schließlich eine Zahlenreihe — etwa gegeben durch die Eintreffzeitpunkte $t_1, t_2, t_3, \ldots$ oder durch die Wartezeiten $v_1, v_2, v_3, \ldots$ —, und es ist ja nicht abwegig, den Mathematikern gewisse Fähigkeiten bei der Behandlung und „Erklärung" von Zahlen zuzutrauen. Hier ist also das Problem, dem wir gegenüberstehen:

Problemstellung
„Ich, als Physiker, interessiere mich für radioaktive Prozesse. Meine Beobachtungen erweisen sich als höchst unregelmäßig, wie Sie sehen können, müssen aber dennoch natürlich nach gewissen Regeln entstehen. Finden Sie diese Regeln. Bringen Sie Ordnung in die Unordnung!"

Wer konnte wissen, daß diese tatsächlich vorhandenen Gesetzmäßigkeiten sich (nur) mittels einer Auffassung des Phänomens als eines prinzipiell unvorhersehbaren befriedigend erklären lassen? — Eine fast paradoxe Behauptung, die sich erst nach genaueren Untersuchungen, wie wir sie jetzt angehen wollen, als vernünftig herausstellen wird.

2

Gedanken zur Modellbildung

Wir müssen uns weiter an den Physiker halten; vieles ist zu klären, bevor wir – als Mathematiker – verstehen, was er wirklich von uns will. Wohl ahnen wir, worum es sich dreht, aber wenn wir zu selbständig an das Problem herangehen, riskieren wir, daß unsere Lösung Fragen beantwortet, an denen der Physiker gar nicht interessiert ist, oder von unrealistischen Annahmen auszugehen, die der Physiker nicht akzeptieren kann.

Als erstes könnten wir den Physiker bitten, uns zu sagen, warum eine gewisse Regelmäßigkeit „natürlich" vorherrschen muß. Die Antwort wird vermutlich sein, daß physikalische Gesetze zeitunabhängig sind und die Präparate aus einer ungeheuer großen Zahl von Atomen bestehen im Verhältnis zu den beobachteten Ereignissen, so daß diese keinerlei Rückwirkung auf den Ablauf des Experiments haben.

Für ein größeres Verständnis und tieferes Eindringen in die Problemstellung gibt es nur einen Weg: man muß sich den physikalischen Hintergrund zu eigen machen. Der Physiker muß uns „aufklären"; wenn wir genügend beharrlich sind, wird er uns die Atomtheorie ein Stück weit erklären. Wir werden dabei wohl auch einiges über verschiedene radioaktive Präparate erfahren. Vielleicht wird die Darstellung noch mit historischen Bemerkungen angereichert.

Glücklicherweise reicht der Physikunterricht unserer Gymnasien in den meisten Fällen, um die Problemstellung zu verstehen. Nachdem wir die wesentlichsten Dinge aufgezählt haben, die bei der mathematischen Analyse eine Rolle spielen, folgt in Kapitel 7 eine kurze Darstellung des physikalischen Hintergrundes. Für den einen oder anderen Leser ist es sicher hilfreich, diesen Paragraphen jetzt zu lesen.

Nachdem wir uns die zugrundeliegende Physik erarbeitet haben (!), erreichen wir die Phase, in der ein mathematisches Modell aufgebaut werden soll. Eine

Flut von Erkenntnissen steht uns zur Verfügung, und ein uns im folgenden leitendes Prinzip soll sein die

---

These 1: Bei der Modellbildung ist überflüssiger Ballast „über Bord zu werfen".

Wir können auch sagen, daß wir die Daten zu *komprimieren* oder *reduzieren* suchen.

In dieser Phase verabschieden wir den Physiker. Wir wollen lediglich die mathematisch relevanten Tatsachen im Auge behalten und versuchen, diese in ganz wenige Eigenschaften zusammenzufassen, die das Wesentliche beinhalten.

Ich werde nun ein gewisses Risiko eingehen, die Leser zu ermüden, wenn ich einige übergeordnete Betrachtungen über das Zusammenspiel von realen Phänomenen und mathematischen Modellen anstelle. Zunächst die einleuchtende

---

These 2: Nicht alle Phänomene haben ein mathematisches Modell.

Bei der bloßen Beschreibung eines Phänomens (auch eine ohne mathematisches Modell) kann dennoch mehr oder weniger Mathematik eingehen.

Als nächstes die vielleicht nicht so einleuchtende

These 3: Kein Phänomen *ist* Mathematik.

Denken wir an das konkrete Phänomen der Radioaktivität, sehen wir schon, was gemeint ist. Nehmen wir einmal an, daß wir ein mathematisches Modell bereits aufgestellt *haben*. Das wird den Physiker keineswegs dazu veranlassen, die Physik durch das mathematische Modell zu ersetzen. Man kann eher sagen: im Gegenteil! Mit dem mathematischen Modell in der Hand hat er ein seine Forschungen bremsendes Problem überwunden; mit diesem mathematischen Werkzeug als Hilfsmittel kann er sich richtig auf den eigentlichen Gegenstand seines Interesses stürzen, die Radioaktivität.

Es ist also keine primäre Aufgabe des Mathematikers, im Zusammenhang mit Anwendungen für sein Fach zu missionieren. Angemessen ist es aber wohl, von seiten der Anwender eine gewisse Kenntnis der Mathematik zu fordern. Damit nämlich der Anwender ein mathematisches Modell insoweit benutzen kann, daß das für ihn wesentliche klar hervortritt (ohne daß er sich in mathematische Details verliert), muß er die dabei eingehende Mathematik zumindest im Prinzip verstehen. Das Wissen oder Verständnis eines Mathematikers ist natürlich nicht erforderlich.

These 4: Jeder Anwender von Mathematik muß Mathematik verstehen.

In diesen Zusammenhang paßt in natürlicher Weise die folgende These, die wir weiter oben bereits diskutiert haben.

These 5: Jeder Angewandte Mathematiker muß Einblick in die Anwendungsgebiete haben.

Als natürliche Folgerung aus den beiden letzten Thesen wird man besonders gute Ergebnisse erwarten, wenn mathematische Fähigkeiten mit Einsicht in die Anwendungsbereiche gepaart sind. Zwei berühmte Beispiele, die das illustrieren, sehen wir in Archimedes' und Newtons Wirken.

In diesem Buch werden wir die Mathematik vornehmlich im Hinblick auf einen bestimmten Anwendungsbereich sehen. Und in vielen anderen Situationen wird man die Mathematik ausschließlich als Werkzeug ansehen. Aber man kann ja Mathematik auch um ihrer selbst treiben. Um dem Fach Mathematik insgesamt gerecht zu werden, möchte ich noch anführen die

These 6: Es gibt zwei Gründe, Mathematik zu treiben: Als Mittel, Erkenntnisse auf anderen Gebieten zu erlangen, und als Erkenntnis für sich.

Leider sehen nicht alle den letztgenannten als vollgültigen Grund an, sich mit Mathematik zu beschäftigen. Diesbezügliche Betrachtungen könnten interessant sein, aber ich habe mich von unserer konkreten Problemstellung schon weiter entfernt, als ich eigentlich wollte.

3

Über stochastische Modelle

Das Wort *stochastisch* bedeutet zufällig.[1] Ein *stochastisches Modell* ist dasselbe wie ein wahrscheinlichkeitstheoretisches Modell.

These 7: Es gibt deterministische und stochastische mathematische Modelle.

— Und Zwischenformen, natürlich.

Das Phänomen, für das wir uns interessieren, ist offenbar nichtdeterministisch, so daß es naheliegend ist, ein stochastisches Modell zu suchen.

Ich möchte die Gelegenheit nicht versäumen, auf einige Möglichkeiten hinzuweisen, stochastische Modelle zu betrachten.

These 8: Stochastische Modelle spiegeln die menschliche Unwissenheit und Ohnmacht wider; grundsätzlich sind *alle* Phänomene deterministisch. Mangelnde menschliche Einsicht und Unvermögen zwingen uns dazu, durch Beobachtungen Gewißheit zu erlangen.

— und die Gegenthese:

These 9: Einige Phänomene sind grundsätzlich stochastisch.

Selbst ziehe ich entschieden die Gegenthese vor, aber von der Natur der Sache her ist die Frage, welche der Thesen zutrifft, unentscheidbar, ja sogar bedeutungslos. Spaßeshalber kann man noch einen Schritt weitergehen:

---

[1] von griech. στοχάζομαι – vermuten

These 10: *Alle* Phänomene sind grundsätzlich stochastisch – mangelndes menschliches Vermögen, ausreichend detaillierte Beobachtungen vorzunehmen, läßt uns lediglich einige Phänomene deterministisch *vorkommen.*

Hier denke man etwa an die statistische Thermodynamik, wo Unordnung im Mikrobereich (die einzelnen Atome in einem Gas beispielsweise) durchaus vereinbar ist mit einem geordneten Makrobereich (genaue Messungen von Druck, Temperatur usw. sind möglich). Ein zentrales Beispiel in diesem Zusammenhang, noch dazu eines, dem unser Hauptinteresse gilt, ist die Radioaktivität (vgl. auch Übung 38).

Lassen wir es dahingestellt, ob keine (These 8), einige (These 9) oder alle (These 10) Phänomene stochastisch sind; wir wollen übereinkommen, daß es unser Ziel ist, für die Radioaktivität ein stochastisches Modell aufzustellen. Selbst wenn das Phänomen prinzipiell deterministisch wäre, haben unsere Diskussionen mit den Physikern gezeigt, daß eine deterministische Beschreibung unmöglich (vielleicht sogar nicht einmal wünschenswert) ist. Die Brauchbarkeit eines stochastischen Modells ist daran zu messen, ob es eine gute Beschreibung der Wirklichkeit liefert; mehr dazu später.

Und nun einige etwas konkretere Betrachtungen über stochastische Modelle. Wozu lassen sie sich brauchen?

These 11: Stochastische Modelle lassen sich nur zur Beschreibung von Phänomenen mit Wiederholungscharakter verwenden.

Möglichst sollte es sich um Phänomene handeln, die bei Versuchen auftreten, die sich unter gleichen Bedingungen wiederholen lassen, und die sich dabei wechselseitig nicht beeinflussen (die Versuche sollen unabhängig sein). In engem Zusammenhang hiermit steht die

These 12: Wahrscheinlichkeiten werden empirisch als relative Häufigkeiten in einer größeren Versuchsserie ermittelt; Erwartungswerte werden gleichfalls empirisch als Durchschnitt bestimmt.

Die in dieser These zum Ausdruck kommende Haltung spiegelt sich innerhalb der Welt der Mathematik als *Gesetz der großen Zahlen* wider (vgl. Übung 15). Aber die These kommt auch zum Ausdruck in der Welt der Wirklichkeit, der Erfahrungswelt. Es ist nämlich eine Erfahrungstatsache, daß sich relative Häufigkeiten stabilisieren.

Wir denken beispielsweise an ein Ereignis wie „eine Sechs beim Wurf eines Würfels" und wir stellen uns vor, daß bereits ausgeführte Würfe keinen Einfluß auf die folgenden haben (Unabhängigkeit!). Die *Häufigkeit* des Ereignisses ist dann die Anzahl der in einer Sechs resultierenden Versuche (= Würfe), und die *relative Häufigkeit* ergibt sich durch Division der Häufigkeit mit der Anzahl der Versuche. Je mehr Versuche vorgenommen werden, um so deutlicher wird es, daß sich die relativen Häufigkeiten um einen gewissen Wert stabilisieren, den wir als Wahrscheinlichkeit des zugrunde liegenden Ereignisses auffassen.

Diese Auffassung des Wahrscheinlichkeitsbegriffes — der sogenannte *frequentielle Standpunkt* — ist nach Meinung vieler der beste Ausgangspunkt für eine Einführung in die Wahrscheinlichkeitsrechnung. Obwohl wir beim Leser gewisse Kenntnis darin voraussetzen, wollen wir diese Auffassung im folgenden noch etwas vertiefen.

Zunächst bemerken wir, daß in dem angeführten Beispiel die frequentielle Auffassung insofern überflüssig ist, als es von vornherein (*a priori*) „klar" ist, daß die Wahrscheinlichkeit für den Wurf einer Sechs 1/6 beträgt. Ganz gewiß, das werden die meisten akzeptieren, aber was bedeutet so eine Behauptung überhaupt? Ein genauer Zahlenwert ohne Interpretation ist eigentlich nicht von großem Wert. Und werden nicht sowieso die meisten, nachdem sie darüber nachgedacht haben, der frequentiellen Auffassung zuneigen? Wie will man beispielsweise die Behauptung zurückweisen, die Wahrscheinlichkeit für das Werfen einer Sechs sei $\frac{1}{2}$? Mit einer Versuchsreihe, natürlich! Und wenn dann die relative Häufigkeit weit entfernt von $\frac{1}{2}$ (und dicht bei $\frac{1}{6}$) liegt, so kommt damit zum Ausdruck, daß die Behauptung falsch ist.

In einer Reihe von Situationen können wir Wahrscheinlichkeiten *a priori* bestimmen (ohne Versuche durchzuführen). Oft führen Symmetriebetrachtungen zu diesen Werten — wie im obigen Würfelbeispiel, wo die Symmetrie des Würfels bewirkt, daß wir den sechs möglichen Ergebnissen die gleiche Wahrscheinlichkeit einräumen. Es ist eine Erweiterung unserer Erfahrungsgrundlage, daß wir uns in solchen Situationen in Übereinstimmung mit der frequentiellen Auffassung befinden, d. h. es zeigt sich, daß sich die relativen Häufigkeiten genau um die von vornherein feststehende, die *A-priori*-Wahrscheinlichkeit stabilisieren.

Wir können aber nicht in allen Situationen die Wahrscheinlichkeiten *a priori* ermitteln. Und hier hat die frequentielle Auffassung ihre große Bedeutung. Dieser Standpunkt macht es sinnvoll, über die Wahrscheinlichkeit zu sprechen, daß ein Atom eines radioaktiven Isotops innerhalb eines gewissen Zeitintervalls zerfällt, oder von der Wahrscheinlichkeit zu reden, daß ein Wähler für eine bestimmte Partei votiert; viele andere Wahrscheinlichkeiten aus den

Bereichen der Technik, Wissenschaft und Gesellschaft werden gleichermaßen sinnvoll.

Die frequentielle Auffassung setzt uns auch natürliche Grenzen, womit wir uns in der Wahrscheinlichkeitsrechnung beschäftigen können (bzw. dürfen). So ist es etwa, vgl. These 11, nicht unmittelbar einleuchtend, ob es sinnvoll ist, von der Wahrscheinlichkeit zu sprechen, daß die Sonne morgen aufgeht, oder von der Wahrscheinlichkeit eines Kernschmelzens in einem Atomkraftwerk.

Die Erfahrung der Stabilisierung relativer Häufigkeiten hat eine wichtige Erweiterung auf Situationen, wo einem Versuch eine Zahl zugeordnet ist (eine Zufallsvariable). Es kann sich etwa um die Augensumme beim Spiel mit zwei Würfeln handeln oder um die Wartezeit bis zum Eintreffen eines gewissen Ereignisses (beispielsweise eines radioaktiven Zerfalls). Gehen wir wieder von einer langen Versuchsreihe aus, so können wir den *empirischen Durchschnitt* berechnen, d.h. die Summe aller Zahlenwerte bei den einzelnen Versuchen, geteilt durch die Anzahl der Versuche. Die Erfahrung hat gezeigt, daß sich dieser empirische Durchschnitt bei größer werdender Versuchsanzahl um einen gewissen Wert stabilisiert, den *theoretischen Durchschnitt* oder *Mittelwert,* wie wir diesen Wert lieber nennen wollen. Hierauf bezieht sich der zweite Teil der These 12.

Wenn wir weiter oben über die Stabilisierung relativer Häufigkeiten und empirischer Durchschnitte als Erfahrungstatsachen sprachen, so ist das eigentlich eine etwas vorschnelle Formulierung, denn die Stabilisierung erfolgt ja erst „beim Grenzübergang". Das erfordert natürlich nicht die Ausführung unendlich vieler Versuche, aber immerhin sollte eine willkürlich große Zahl von Versuchen ausgeführt werden können, und auch dazu reicht das menschliche Leben nicht. Die Fesseln der Endlichkeit, in die wir eingebunden sind, lassen sich nur in der Welt der Mathematik sprengen.

Streng genommen können wir also unsere Auffassung der Stabilisierungsgesetze als reine Erfahrungssätze nicht aufrecht erhalten. Dennoch wäre es ganz und gar unangemessen (auch unter historischen Gesichtspunkten), diese empirischen Tatsachen außer Acht zu lassen. Die Gesetze haben sich aus unserer Erfahrungswelt herauskristallisiert (man denke etwa an Glücksspiele), es sind nur eben keine absolut sicheren Erfahrungen. Im übrigen ist das wohl ein Merkmal aller Erfahrungen, daß man vollständige Sicherheit nicht erwarten kann.

Wir können, um unsere Haltung zu bekräftigen, eine Parallele zu einem ganz anderen Gebiet, nämlich der Geometrie ziehen. Hier glauben die meisten, daß es ganz unwandelbare Erfahrungen gibt, an die man sich halten kann, zum Beispiel den Längenbegriff. Denken wir jedoch näher darüber nach, so werden wir einsehen, daß auch hier die Erfahrungen unsicher sind. Die Vorstellung präziser Längen läßt sich streng genommen nicht aufrechterhalten, da sie immer genauere Messungen erfordert und damit wiederum die Zwangsjacke der uns auferlegten Endlichkeit sprengt.

Wenn wir die noch junge Wahrscheinlichkeitsrechnung mit der altehrwürdigen Geometrie vergleichen, müssen wir erkennen, daß sich beide auf etwas unsichere Erfahrungen stützen. Wir müssen jedoch einräumen, daß die Erfahrungsgrundlage der Wahrscheinlichkeitsrechnung in weitaus offensichtlicherer Weise als die der Geometrie die uns Menschen auferlegten Beschränkungen deutlich macht. Es gibt noch weitere Umstände, die den Zugang zum Wahrscheinlichkeitsbegriff erschweren. Während sich etwa der geometrische Längenbegriff auf konkrete materielle Objekte bezieht, trifft das auf den Begriff der Wahrscheinlichkeit nicht zu. Wir können einer Wahrscheinlichkeit kein solches Objekt zuordnen und dann unsere Sinne gebrauchen, um den konkreten Wert dieser Wahrscheinlichkeit daran zu erkennen. Der Zollstock des Wahrscheinlichkeitstheoretikers ist von komplizierterer Natur als der des Geometers; er ist durch die Stabilisierungsgesetze gegeben.

Die oben genannten Umstände haben dazu beigetragen, daß die Wahrscheinlichkeitsrechnung eine noch junge Wissenschaft ist. Ebenso hat es eine ziemliche Rolle gespielt, daß man sich in früheren Zeiten aus philosophisch-religiösen Gründen weigerte, sich ernsthaft mit Wahrscheinlichkeiten zu beschäftigen. Ohne daß wir näher darauf eingehen wollen, sei erwähnt, daß Aristoteles eine Beschäftigung mit dem Zufälligkeitsbegriff explizit vom Parnaß der Wissenschaften ausschloß.

Wie bereits gesagt, kommt These 12 sowohl in der Welt der Mathematik in Form des Gesetzes der großen Zahlen als auch in der Welt der Wirklichkeit in Gestalt der Stabilisierungsgesetze zum Ausdruck. Zu betonen ist, daß die Beweisbarkeit des Gesetzes der großen Zahlen natürlich nicht beweist, daß die Stabilisierungsgesetze richtig sind. Vielmehr führt uns unsere Erfahrungsgrundlage, die Stabilisierungsgesetze, dazu, von einer mathematischen Wahrscheinlichkeitstheorie zu verlangen, daß nach Einführung passender Begriffe und Interpretationen Sätze formulierbar sind, die diese Stabilisierungsgesetze widerspiegeln, und − natürlich − daß man diese Sätze beweisen kann.

Nach dieser allgemeinen Diskussion über die Erfahrungsgrundlage der Wahrscheinlichkeitsrechnung stellen wir die Frage: Was geht in ein stochastisches Modell ein?

These 13: Die wichtigsten Bestandteile eines stochastischen Modells sind Zufallsvariable.

Ich erinnere an die formale Definition: Eine *Zufallsvariable* ist eine reelle Funktion, die auf einem Ergebnisraum definiert ist.

Vielleicht wird es verwundern, daß der Begriff „Wahrscheinlichkeitsraum" nicht in den Mittelpunkt gestellt wird. Dazu die folgende

---

These 14: Zufallsvariable sind naturgegeben. Wahrscheinlichkeitsräume sind fiktive mathematische Konstruktionen.

Schauen wir auf das konkrete Problem, das uns beschäftigt, ist die Meinung dieser These wohl klar. Die „naturgegebenen" Zufallsvariablen sind die Eintreffzeiten t_n, die Wartezeiten v_n und die Anzahlvariablen $N(t)$. Wir waren ja einig in der Annahme, daß das Phänomen nichtdeterministisch ist, und unser Versuch, ein stochastisches Modell aufzustellen, läuft darauf hinaus, diese Größen als Zufallsvariable aufzufassen. Zwischen den *tatsächlich beobachteten Werten* der Größen t, v und N auf der einen Seite und den Größen t, v und N als Zufallsvariable auf der anderen Seite müssen wir allerdings scharf unterscheiden.

Selbst wenn uns das Problem einige Zufallsvariable in die Hände gibt, so fehlt doch zunächst jeder Hinweis, mit welchem Wahrscheinlichkeitsraum wir arbeiten sollten; nicht einmal einen Ergebnisraum können wir konkret angeben. Wir befinden uns also in der eigentümlichen Lage, daß das Problem uns unmittelbar einige Zufallsvariable zur Verfügung stellt, ohne uns deren Definitionsbereich anzugeben!

Man könnte die Haltung, die oben zum Ausdruck kam, als Unsinn abtun, davon ausgehend, daß eine Funktion nur dann vorliegt, wenn Definitions- und Bildmenge bekannt sind. Will man hingegen die enge Verbindung zwischen Wahrscheinlichkeitsrechnung und Wirklichkeit aufrechterhalten (vgl. die spätere These 16), so ist man klug beraten, die hinter der These 14 stehende Auffassung zu akzeptieren. Damit ist nicht gesagt, daß Wahrscheinlichkeitsräume unwesentlich sind; sie sind es bestimmt nicht. Später (Kapitel 18) werden wir auf deren wichtigste Funktion näher eingehen; außerdem werden die jetzt folgenden Ausführungen für etwas mehr Klarheit sorgen.

Dem Definitionsbereich einer Zufallsvariablen wird wie gesagt keine ganz entscheidende Bedeutung zugemessen. Diese Rolle übernimmt dafür deren *Verteilung.* Die Verteilung einer Zufallsvariablen X gibt an, mit welcher

Wahrscheinlichkeit X welche Werte annimmt. Genauer wird als Verteilung die Abbildung

$$A \mapsto P(X \in A) \tag{3}$$

definiert, wobei A eine Teilmenge von $\mathbb{R}$ bezeichnet. In (3) bedeutet P die Wahrscheinlichkeitsfunktion (*„Probability“*). Der Ausdruck $P(X \in A)$ ist eine Abkürzung für

$$P(\{\omega \in \Omega \mid X(\omega) \in A\}),$$

wobei Ω den Ergebnisraum bezeichnet und ω ein Element dieses Raumes ist. Es sieht also so aus, als ob wir zur Angabe der Verteilung den Wahrscheinlichkeitsraum doch kennen müßten! – Das ist nicht der Fall! In vielen Situationen, u.a. bei dem uns interessierenden Problem, läßt sich die Verteilung ohne explizite Kenntnis des Wahrscheinlichkeitsraumes bestimmen. Wir fassen zusammen:

These 15: Eine Zufallsvariable ist durch ihre Verteilung festgelegt.

In Übereinstimmung damit sagen wir, daß zwei Zufallsvariable *identisch verteilt* sind, wenn sie die gleiche Verteilung haben, und wir betrachten sie in wahrscheinlichkeitstheoretischer Hinsicht als gleich. Man bemerke, daß diese Definition auch dann sinnvoll bleibt, wenn die Zufallsvariablen auf ganz verschiedenen Ergebnisräumen definiert sind.

Ist X eine *diskrete* Zufallsvariable, d.h. gibt es eine abzählbare Teilmenge $A \subseteq \mathbb{R}$ mit $P(X \in A) = 1$, so ist die Verteilung von X vollständig durch Angabe der Zahlen $P(X = a)$ für $a \in \mathbb{R}$ festgelegt (für alle a außerhalb der abzählbaren Menge A ist diese Zahl 0). Wollen wir also in unserem Problem aus der Radioaktivität die Verteilungen der $N(t)$ kennen, müssen wir für jedes $t > 0$ und jedes $k = 0, 1, 2, \ldots$ die Wahrscheinlichkeit $P(N(t) = k)$ angeben. Die Bestimmung dieser Zahlen wird eine unserer Hauptaufgaben sein.

Für eine beliebige Zufallsvariable X definieren wir die zugehörige Verteilungsfunktion $F: \mathbb{R} \to \mathbb{R}$ durch

$$F(x) := P(X \leqslant x), \quad x \in \mathbb{R}.$$

Man kann beweisen (würde aber damit den Rahmen dieses Buches sprengen), daß eine Verteilung durch ihre Verteilungsfunktion bereits eindeutig festgelegt ist. Wir werden später die Verteilungen der Wartezeiten beispielsweise durch Angabe der zugehörigen Verteilungsfunktionen bestimmen.

Da – wie wir behaupten – die Verteilungsfunktion F einer Zufallsvariablen X alle wahrscheinlichkeitstheoretischen Informationen über diese enthält, müßte sich insbesondere ihr *Mittelwert* (auch *Erwartungswert* oder *theoretischer Durchschnitt* genannt) über F berechnen lassen. Das ist tatsächlich der Fall. Ist $X \geq 0$, ergibt sich der Mittelwert nach der folgenden einfachen Formel:

$$E(X) = \int_0^\infty P(X > x)\, dx = \int_0^\infty (1 - F(x))\, dx. \tag{4}$$

Hier bezeichnet E den Mittelwert (*Expected value*). Die Formel (4) läßt sich speziell auf alle uns interessierenden Zufallsvariablen anwenden (in unserem Falle t, v und N). Eine Beweisskizze für Gl. (4) findet man in Aufgabe 11 (vorbehaltlich gewisser Details im Falle nicht-diskreter Zufallsvariabler).

Wir wollen diesen Abschnitt über stochastische Modelle mit folgender These angemessen beschließen:

These 16: Ziel der Wahrscheinlichkeitsrechnung ist es, Modelle für stochastische Phänomene aufzustellen und zu studieren.

4

Zeitinvarianz

Wir wollen ein stochastisches Modell aufstellen, das Fragen wie die folgenden beantwortet:

(1) Wie groß ist die Wahrscheinlichkeit für das Eintreten von mindestens neun Ereignissen innerhalb der ersten Minute?

(2) Wie groß ist die Wahrscheinlichkeit, daß sowohl die erste als auch die zweite Wartezeit (v_1 bzw. v_2) unter einer Minute liegen?

(3) Was ist die zu erwartende Anzahl von Ereignissen im Zeitintervall $]0, t]$?

(4) Wie groß ist die mittlere Wartezeit?

Mit üblicher Schreibweise (wir verwenden das Komma als „logisches und") lassen sich diese Fragen abkürzen:

$$P(N(1) \geqslant 9) = P(t_9 \leqslant 1) = ? \tag{1}$$

$$P(v_1 \leqslant 1, v_2 \leqslant 1) = ? \tag{2}$$

$$E(N(t)) = ? \tag{3}$$

$$E(v_1) = ? \quad E(v_2) = ? \quad E(v_3) = ? \, ... \tag{4}$$

Zunächst mag die Aufgabe unlösbar erscheinen, alle Fragen dieser Art zu beantworten. Eine Möglichkeit ergibt sich aus der empirischen Betrachtungsweise (These 12). Ein Nachteil dabei ist, daß jede neue Frage eine neue empirische Bestimmung erfordert. Das ist mit ein Grund dafür, ein theoretisches Modell zu suchen. Ganz ohne Experimente kommen wir nicht aus; wir werden aber später sehen, daß es genügt, eine einzige empirische Bestimmung durchzuführen, nämlich die der Intensität. Deren Kenntnis, zusammen mit einigen strukturellen Annahmen, wird uns zum Ziel führen.

In diesem und im nächsten Kapitel werden wir die wesentlichsten strukturellen Eigenschaften formulieren. Als Ausgangspunkt wählen wir die oben genannten Fragen.

Der wohl einleuchtendste Kommentar bezieht sich auf Frage (4); wir bemerken, daß

$$E(v_1) = E(v_2) = \dots = E(v_n). \tag{5}$$

Denn wie wir bereits dargelegt haben, verändert sich das System während der Beobachtungen nicht.

Diese wichtige Eigenschaft läßt sich etwa so illustrieren. Wir beobachten ein radioaktives Präparat und wählen einen Anfangszeitpunkt. Das ist für uns der Zeitpunkt 0. Ein Freund, der eigentlich an den Beobachtungen teilnehmen sollte, kommt zu spät, genauer nach T_0 Zeiteinheiten. Er kann den Prozeß also nur von T_0 an beobachten; T_0 ist sein Anfangszeitpunkt und entspricht in seiner Zeitrechnung dem Nullpunkt.

Was wir im Sinn haben, läßt sich so formulieren: Selbst wenn die Beobachtungen aus unserer Sicht und aus der Sicht unseres Freundes nicht genau gleich ablaufen – so ist etwa in Bild 2 unsere erste Wartezeit weitaus größer als die unseres Freundes –, so verhalten sie sich doch stochastisch gleich. Darin steckt u. a. die Annahme, daß, auch wenn bei einer konkreten Beobachtung v_1 viel größer als v_1' sein kann (die Wartezeiten v_i' beziehen sich auf unseren Freund, s. Bild 2), die Wahrscheinlichkeiten $P(v_1 \leqslant s)$ und $P(v_1' \leqslant s)$ für jede feste Zahl $s \geqslant 0$ doch übereinstimmen. Bei dieser Schreibweise sind v_1 und v_1' natürlich nicht als konkrete Zahlen, sondern als Zufallsvariable aufzufassen. v_1 und v_1' sind also identisch verteilt.

Um jedem Mißverständnis vorzubeugen, werde ich detailliert beschreiben, was die Annahme $P(v_1 \leqslant s) = P(v_1' \leqslant s)$ bedeutet, und das auf eine Weise, die klarmacht, wie sich diese Annahme experimentell überprüfen ließe. Zu diesem Zweck denken wir uns, daß wir die Beobachtungen Tag für Tag wiederholen, immer an einem radioaktiven Material, das auf die gleiche Weise

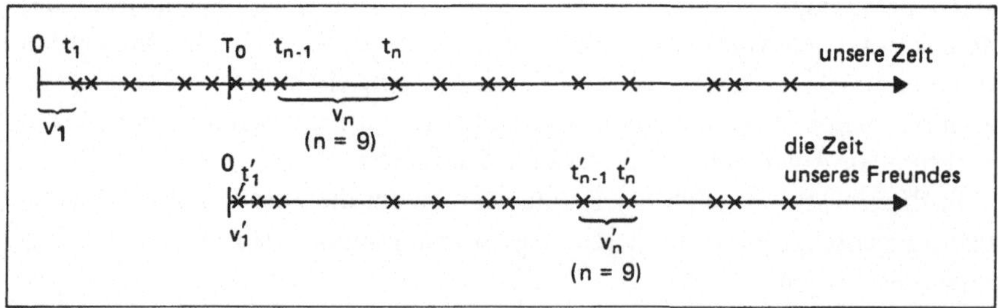

Bild 2

16

hergestellt worden ist. Jeden Tag lassen wir unseren Freund sich um die gleiche Zeit verspäten, so daß er also stets seine Beobachtungen T_0 Zeiteinheiten später einsetzen läßt. Nach N Tagen (wobei N „groß" sein soll) bestimmen wir die relative Häufigkeit des Ereignisses „$v_1 \leqslant s$", d. h. die Anzahl der Tage, an denen $v_1 \leqslant s$ war, dividiert durch N. Entsprechend bestimmen wir die relative Häufigkeit des Ereignisses „$v_1' \leqslant s$". Unsere Annahme läuft darauf hinaus, daß diese zwei relativen Häufigkeiten approximativ gleich sind.

Diese Annahme, zu der wir uns jetzt hingearbeitet haben, kann so formuliert werden: *Das System ist, stochastisch gesehen, zeitinvariant.*

Wir wollen diese Annahme noch einmal umformulieren. Denken wir wieder an unseren Freund, der mit seinen Beobachtungen später beginnt, so können wir sagen: Wird der Prozeß zur Zeit T_0 „gestoppt" und beginnen wir dann unsere Beobachtungen aufs neue, so ergibt sich, stochastisch gesehen, dasselbe Verhalten, als wenn wir die ursprüngliche Beobachtungsreihe fortgesetzt hätten. Wir nennen T_0 eine *Stoppzeit.*

Zunächst denken wir bei diesem Begriff an eine *deterministische Stoppzeit*, d. h. T_0 hat einen festen, im voraus gegebenen Wert. Unsere Annahme der zeitlichen Invarianz wollen wir noch ausweiten, indem wir T_0 erlauben, eine sog. *stochastische Stoppzeit* zu sein, d. h. T_0 darf vom Verlauf der Beobachtungen abhängen. Beispielsweise könnte T_0 der Zeitpunkt des n-ten Ereignisses sein, also $T_0 = t_n$, wobei n eine feste natürliche Zahl ist.

Annahme A_1 (*Zeitinvarianz*): Beginnt man mit den Beobachtungen aufs neue an einer Stoppzeit T_0, so erhält man Beobachtungen, die sich stochastisch wie die ursprünglichen Beobachtungen verhalten, und das gilt sowohl für deterministische als auch für stochastische Stoppzeiten.[2]

---

[2] Für Interessierte, die gerne genauer wissen möchten, was eine Stoppzeit ist, bemerken wir zunächst, daß man verlangen muß, niemals zu einem Zeitpunkt zu stoppen, der durch Ereignisse bestimmt ist, die erst später stattfinden. So ist etwa $T_0 = \frac{1}{2} t_1$ keine Stoppzeit, aber wohl $T_0 = t_1$ oder $T_0 = 2 t_1$. Etwas mathematischer: T_0 muß eine Zufallsvariable sein derart, daß für jedes $s > 0$ das Ereignis $\{T_0 > s\}$ nur vom Verlauf des Prozesses bis zum Zeitpunkt s abhängt; in unserem Beispiel bedeutet das, daß es allein aus den Werten von $N(t)$ für $t < s$ entscheidbar sein muß, ob $T_0 \leqslant s$ oder $T_0 > s$ ist.

Wir wollen sehen, was A_1 bedeutet für die spezielle Wahl $T_0 = t_{n-1}$. Für Beobachtungen, die in T_0 einsetzen, ist die erste Wartezeit gleich v_n, der Wartezeit zwischen dem $(n-1)$-ten und dem n-ten Ereignis der ursprünglichen Beobachtungsreihe. Wegen A_1 müssen also v_1 und v_n gleichverteilt sein. *Die Wartezeiten sind also identisch verteilt.* Damit gilt insbesondere Gl. (5).

Eine weitere Konsequenz von A_1 ist, daß die Zahl der Ereignisse in Intervallen gleicher Länge identisch verteilt ist. Sei nämlich I ein Intervall der Länge t, etwa $I =]s, s + t]$ und sei

$$N(I) := \text{Anzahl der Ereignisse in I.} \tag{6}$$

Wendet man nun A_1 mit $T_0 := s$ an, so folgt, daß $N(t)$ und $N(I)$ die gleiche Verteilung besitzen (!).

5

Unabhängigkeit

Unsere Kenntnis über das physikalische System, das wir beschreiben wollen, erlaubt uns, einige weitere Annahmen zu machen:

Annahme A_2 : Die Wartezeiten sind unabhängige Zufallsvariable.

Annahme A_3 : Die Anzahlen der Ereignisse in disjunkten Zeitintervallen sind unabhängige Zufallsvariable.

Es ist wohl angebracht, an die Definition der Unabhängigkeit zu erinnern. Dieser Begriff wird zunächst für Ereignisse definiert, meistens in der folgenden Form: Zwei Ereignisse A und B sind unabhängig (genauer: *stochastisch unabhängig*), sofern $P(A \cap B) = P(A) \cdot P(B)$. Drei Ereignisse A, B und C sind unabhängig, wenn A und B, A und C, B und C jeweils unabhängig sind und zusätzlich $P(A \cap B \cap C) = P(A) \cdot P(B) \cdot P(C)$ gilt. Für mehr als drei Ereignisse läßt sich diese Definition entsprechend erweitern; schließlich heißt eine unendliche Folge A_1, A_2, A_3 ... von Ereignissen *unabhängig,* wenn für je endlich viele Indizes $n_1 < n_2 < ... < n_k$ die Gleichung

$$P(A_{n_1} \cap A_{n_2} \cap ... \cap A_{n_k}) = P(A_{n_1}) \cdot P(A_{n_2}) \cdot ... \cdot P(A_{n_k})$$

gilt. Es ist sehr wichtig, die diesen exakten Definitionen zugrundeliegende Intuition zu verstehen. Am deutlichsten wird das, wenn wir an zwei Ereignisse A und B denken. A wird als unabhängig von B angesehen, wenn die Wahrscheinlichkeit von A nicht davon beeinflußt wird, ob B eingetroffen ist oder nicht, d.h. wenn $P(A) = P(A \mid B)$, der sog. *bedingten Wahrscheinlichkeit* von A unter B. Da letztere durch die intuitiv leicht zu verstehende Formel

$$P(A \mid B) = \frac{P(A \cap B)}{P(B)}$$

gegeben ist, sind die Forderungen $P(A) = P(A|B)$ und $P(A \cap B) = P(A) \cdot P(B)$ gleichbedeutend [für $P(B) > 0$; Ereignisse der Wahrscheinlichkeit Null oder Eins sind von allen Ereignissen unabhängig (sogar von sich selbst!)]. Die Symmetrie dieser letzten Formel zeigt überdies — und das war keineswegs von vornherein klar — daß die Unabhängigkeit des Ereignisses A von B gleichbedeutend damit ist, daß B unabhängig von A ist. Das erlaubt uns die neutralere Sprechweise, daß A und B unabhängig sind.

Nun zu Zufallsvariablen! Was bedeutet es, daß X und Y unabhängig sind? Intuitiv soll es doch wohl bedeuten, daß die Kenntnis, welchen Wert die eine Variable annimmt, die Wahrscheinlichkeiten der möglichen Werte der anderen Variablen (also deren Verteilung) nicht beeinflußt. Die exakte Definition lautet: X und Y sind *unabhängig,* wenn $\{X \leqslant s\}$ und $\{Y \leqslant t\}$ für alle $s, t \in \mathbb{R}$ unabhängig sind.

In natürlicher Weise läßt sich diese Definition auf drei oder mehr Zufallsvariable erweitern. So ist etwa eine Folge $X_1, X_2, X_3, \ldots$ von Zufallsvariablen unabhängig dann und nur dann, wenn für jede Folge $s_1, s_2, s_3, \ldots$ reeller Zahlen die Ereignisse $\{X_1 \leqslant s_1\}, \{X_2 \leqslant s_2\}, \{X_3 \leqslant s_3\}, \ldots$ unabhängig sind.[3]

Infolge unserer Annahme A_2 sind die Wartezeiten $v_1, v_2, \ldots$ unabhängig; zusammen mit A_1 bedeutet das, daß $v_1, v_2, \ldots$ *eine Folge unabhängiger und gleichverteilter Zufallsvariabler ist.*

---

[3] Man kann zeigen, daß daraus auch für andere (meßbare) Teilmengen $B_1, B_2, \ldots$ von $\mathbb{R}$ die Unabhängigkeit der Ereignisse $\{X_1 \in B_1\}, \{X_2 \in B_2\}, \ldots$ folgt.

6

Intermezzo: Über die Binomialverteilung

Im Anschluß an unsere Ergebnisse über die Wartezeiten sei erwähnt, daß eine endliche oder unendliche Folge $X_1, X_2, \ldots$ stochastisch unabhängiger, identisch verteilter Zufallsvariabler sehr oft der natürliche Ausgangspunkt für wahrscheinlichkeitstheoretische Überlegungen darstellt.

Dazu gibt es wohlbekannte Beispiele, insbesondere *Erfolgsvariable* (auch Bernoulli-Variable genannt); damit meint man, daß die X_k nur die Werte 0 und 1 annehmen können. Das Ereignis $\{X_k = 1\}$ wird als „Erfolg beim k-ten Versuch" interpretiert, z. B. „Wappen beim k-ten Münzwurf", „Sechs beim k-ten Wurf mit einem Würfel", „Mädchen beim k-ten ‚Versuch'", „die k-te Schraube aus einer Stichprobe von n Schrauben ist defekt" usw. (Das Wort „Erfolg" ist also wertneutral zu verwenden!)

Die Annahme gleicher Verteilung der X_k bedeutet, daß die Wahrscheinlichkeit $P(X_k = 1)$ eines Erfolges beim k-ten Versuch nicht von k abhängt; man nennt sie die *Erfolgswahrscheinlichkeit*. Ist p die Erfolgswahrscheinlichkeit, so ist $q = 1 - p$ die Wahrscheinlichkeit für ein „Fiasko" bei einem einzelnen Versuch. Für eine Erfolgsvariable X mit der Erfolgswahrscheinlichkeit p berechnet sich der Mittelwert zu

$$E(X) = 0 \cdot P(X = 0) + 1 \cdot P(X = 1) = p. \tag{7}$$

Infolge der Unabhängigkeitsannahme lassen sich alle möglichen Wahrscheinlichkeiten berechnen; z. B. ist

P(mindestens ein Erfolg bei den drei ersten Versuchen)
$= 1 - P$(Fiasko bei allen 3 ersten Versuchen)
$= 1 - P(X_1 = 0,\ X_2 = 0,\ X_3 = 0)$
$= 1 - P(X_1 = 0) \cdot P(X_2 = 0) \cdot P(X_3 = 0)$
$= 1 - q^3 .$

Die *Binomialverteilung mit den Parametern* n *und* p wird definiert als Verteilung der Anzahl der Erfolge in n Versuchen, wobei die Erfolgswahrscheinlichkeit jedes einzelnen Versuches p sei; dabei wird verlangt, daß es sich um eine Reihe unabhängiger Versuche handelt. Etwas mathematischer können wir sagen, daß die Binomialverteilung mit den Parametern (n, p), wobei $n \in \mathbb{N}$ und $0 < p < 1$ ist, die Verteilung der Zufallsvariablen

$$S = X_1 + X_2 + \ldots + X_n \tag{8}$$

ist, wobei $X_1, \ldots, X_n$ unabhängige Bernoulli-Variable sind mit der (gleichen) Erfolgswahrscheinlichkeit p.[4]

Die binomialverteilte Zufallsvariable S in Gl. (8) kann die Werte $0, 1, 2, \ldots, n$ annehmen, und die Verteilung ist durch Angabe der Wahrscheinlichkeiten $P(S = k)$ für $k \in \{0, 1, 2, \ldots, n\}$ festgelegt.

Der *Binomialkoeffizient*

$$\binom{n}{k} = \frac{n!}{k!\,(n-k)!} = \frac{1}{k!} \cdot n \cdot (n-1) \cdot \ldots (n-k+1) \tag{9}$$

gibt die Anzahl der Lösungen der Gleichung $x_1 + x_2 + \ldots + x_n = k$ mit $x_i \in \{0, 1\}$ für alle i an. Jede dieser Lösungen entspricht einem Beitrag von $p^k (1-p)^{n-k}$ zur Wahrscheinlichkeit $P(S = k)$; so entspricht etwa die Lösung $x_1 = x_2 = \ldots = x_k = 1$, $x_{k+1} = x_{k+2} = \ldots = x_n = 0$ dem Beitrag

$$P(X_1 = 1, X_2 = 1, \ldots, X_k = 1, X_{k+1} = 0, \ldots, X_n = 0)$$
$$= P(X_1 = 1) \cdot P(X_2 = 1) \cdot \ldots \cdot P(X_k = 1) \cdot P(X_{k+1} = 0) \cdot \ldots \cdot P(X_n = 0)$$
$$= p^k (1-p)^{n-k}.$$

Auf diese Weise finden wir die wohlbekannte Formel der Binomialverteilung

$$P(S = k) = \binom{n}{k} p^k (1-p)^{n-k}; \quad k = 0, 1, 2, \ldots, n. \tag{10}$$

Bevor wir die Binomialverteilung verlassen, wollen wir noch daran erinnern, wie man deren Mittelwert berechnet. Da S nur die Werte $0, 1, 2, \ldots n$ annehmen kann, ergibt sich aus der Definition direkt

$$E(S) = \sum_{k=0}^{n} k \cdot P(S = k),$$

---

[4] In manchen Darstellungen findet man eine Definition der Binomialverteilung, die die Kenntnis eines zugehörigen Wahrscheinlichkeitsraumes erfordert. Das ist höchst unglücklich und steht im Konflikt mit unserer Auffassung; vgl. u. a. These 15.

was man im Prinzip mittels Gl. (10) ausrechnen kann. Bei weitem einfacher ist es aber, davon Gebrauch zu machen, daß der Mittelwert einer Summe gleich der Summe der Mittelwerte ist – eine intuitiv einleuchtende Eigenschaft, die aber dennoch nicht unmittelbar der Definition zu entnehmen ist (vgl. Übung 9). Diese Eigenschaft in Verbindung mit Gl. (7) ergibt direkt

$$
\begin{aligned}
E(S) &= E(X_1) + E(X_2) + \ldots + E(X_n) \\
&= n \cdot E(X_1) \\
&= np.
\end{aligned} \tag{11}
$$

Dieses Intermezzo wirkt vielleicht etwas unmotiviert. Was hat die Binomialverteilung mit unserem Problem zu tun? Das werden wir bald sehen!

7

Physikalische Begründung unserer Annahmen

Wir haben den Leser bereits dazu aufgefordert, die unseren Überlegungen zugrundeliegende Physik zu vertiefen. Dennoch wollen wir an dieser Stelle ein paar Bemerkungen dazu machen, die aber vom physikalischen Standpunkt aus alles andere als vollständig sind — bestenfalls ist es „Pseudophysik".

Wir stellen uns vor, daß das von uns untersuchte radioaktive Präparat aus einer sehr großen Anzahl von Atomen besteht, von denen nur ein verschwindend kleiner Bruchteil während der Beobachtungen zerfällt. Außerdem nehmen wir an, daß sich jedes Atom nur in zwei Zuständen befinden kann, entweder in einem angeregten Zustand mit hoher Energie, oder in einem Grundzustand mit niedriger Energie. Ein Atomkern kann aus dem angeregten in den Grundzustand zerfallen; ein solcher einzelner Zerfall wird in unserem Zähler registriert und z. B. durch ein „Klick" hörbar gemacht.

Diese Annahmen sind idealisierend. Normalerweise liegen mehrere Prozesse der Radioaktivität zugrunde; beispielsweise kann es mehrere Arten angeregter Zustände geben, die zu sog. „Kaskadenzerfällen" führen, oder es kommen eigentliche Kernumwandlungen vor (etwa bei α- oder β-aktiven Quellen).

Die zeitliche Entwicklung eines einzelnen Atomkerns sieht schematisch aus wie in Bild 3, wo t_0 den Zerfallszeitpunkt bezeichnet.

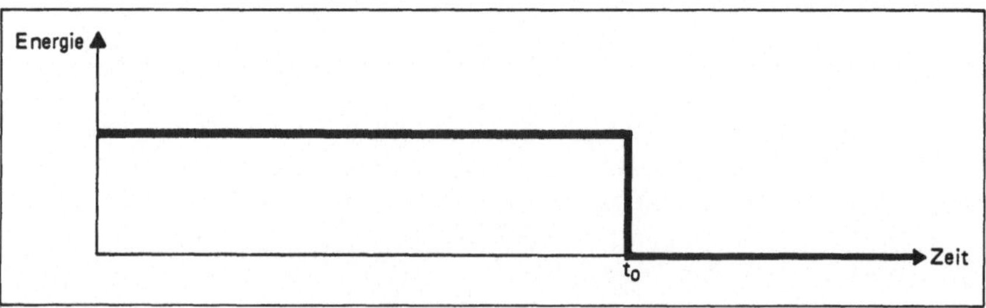

Bild 3

Am meisten fällt bei diesem Phänomen vielleicht der spontane Charakter der Zerfälle auf. Wir wollen das etwas genauer erörtern. Ist der Atomkern einmal in seinem Grundzustand, verbleibt er da. Er „bewegt" sich nicht auf den Zerfallszeitpunkt zu, es gibt also keine Veränderung im Zustand des einzelnen Kerns im Zeitraum zwischen 0 und t_0. Es gibt auch keine Alterungserscheinung, der Kern zerfällt nicht in seinen Grundzustand aufgrund von „Müdigkeit". Anders ausgedrückt, es findet keinerlei „Reifungsprozeß" im Zeitintervall $[0, t_0]$ statt. Der Zerfall geschieht also nach einem „spontanen Einfall".

Das Obenstehende bezieht sich auf die einzelnen Atomkerne. Wichtig ist sodann, daß die Kerne unabhängig voneinander „handeln". Daß einige Kerne bereits zerfallen sind, macht keinen „Eindruck" auf die zurückgebliebenen und bewirkt keinerlei Tendenz bei diesen, nun auch zu zerfallen.

Geht man die Annahmen A_1, A_2 und A_3 noch einmal durch, wird man deren Angemessenheit vielleicht jetzt noch besser verstehen. Wir sollten erwähnen, daß obige Betrachtungen auch im Mittelpunkt einer anderen Vorgehensweise stehen und zum Ziel eines mathematischen Modells der Radioaktivität führen (siehe Übung 16).

Im Haupttext werden wir nur den Fall zeitlich konstanter Intensität behandeln. Sowohl für die Anwendungen als auch für viele interessante theoretische Überlegungen ist es indessen wichtig, auch Situationen behandeln zu können, wo diese Bedingung nicht erfüllt ist. Hier geschieht dies in den Übungen, insbesondere in der zentralen Übung 38, deren Ausgangspunkt die oben genannten Eigenschaften der Spontaneität und Unabhängigkeit darstellen; eine neue Größe, die Halbwertszeit, spielt gleichfalls eine Rolle.

8

Die Intensität

Die erwartete Anzahl von Ereignissen pro Zeiteinheit wird *Intensität* genannt; wir ordnen ihr das Symbol λ zu. Es ist die einzige Zahl, die wir kennen müssen, um, aufbauend auf den Annahmen A_1, A_2 und A_3, das gewünschte Modell aufstellen zu können.

Wir wollen zunächst sichergehen, daß wir die Definition verstanden haben. Da nun $N(1)$ die Anzahl der Ereignisse im Zeitintervall $]0, 1]$ angibt, ist

$$\lambda = E(N(1)).$$

Die Intensität muß experimentell bestimmt werden. Naheliegend ist folgende Vorgehensweise: wir beobachten den Prozeß in Zeitintervallen der Länge 1 und notieren die Anzahlen der Ereignisse in jedem dieser Intervalle. Mit anderen Worten, wir beobachten die konkreten Werte folgender Zufallsvariabler (deren erste gerade $N(1)$ ist):

$$N(]0, 1]), \quad N(]1, 2]), \quad N(]2, 3]), \quad ..., \quad N(]n-1, n]).$$

Da diese infolge A_1 und A_2 unabhängig und identisch verteilt sind, wird der empirische Durchschnitt für große n eine gute Annäherung an den theoretischen Mittelwert, also die Intensität darstellen.

Sollte es bequemer sein, den Prozeß über Zeitintervalle einer anderen Länge als 1 zu beobchten, läßt sich die Intensität auch bestimmen. Dazu genügt es, zu bemerken, daß

$$E(N(I)) = |I| \cdot \lambda \tag{12}$$

für jedes Zeitintervall I der Länge $|I|$. Diese Formel drückt aus, daß die erwartete Anzahl von Ereignissen in einem Zeitintervall proportional zu dessen Länge ist (vgl. Übung 21).

Die Intensität läßt sich noch auf eine andere Weise ermitteln, nämlich über die Bestimmung der *mittleren Wartezeit* μ, definiert als

$$\mu = E(v_1) = E(v_2) = \ldots . \tag{13}$$

Da v_1, v_2, ... unabhängig und identisch verteilt sind, ist es klar, daß μ im Prinzip durch den beobachteten Wert von

$$\frac{v_1 + v_2 + \ldots + v_k}{k} \tag{14}$$

bestimmbar ist. Hierbei stützen wir uns auf das Gesetz der Stabilisierung des empirischen Durchschnitts.

Im übrigen ist

$$\lambda = \frac{1}{\mu} . \tag{15}$$

Haben wir nämlich v_1, ..., v_k beobachtet, entspricht das k Ereignissen in $v_1 + \ldots + v_k$ Zeiteinheiten, also durchschnittlich $k/(v_1 + \ldots + v_k)$ Ereignissen pro Zeiteinheit. Das aber ist genau der Reziprokwert von Term (14). Eine etwas theoretischere Herleitung der Formel $\mu = 1/\lambda$ für die mittlere Wartezeit findet man in Übung 11.

9

Mathematik, endlich!

Unser angestrebtes Hauptresultat besteht darin, für jedes $t > 0$ die Verteilung von $N(t)$ zu bestimmen, d. h. die Wahrscheinlichkeiten

$$P(N(t) = k), \quad k = 0, 1, 2, \dots \,. \tag{16}$$

Wir sind nun schon lange unterwegs, und es erwartet uns noch eine Überraschung in Form einer Extra-Annahme, bevor wir das Resultat wirklich in den Händen haben.

Im folgenden sei $t > 0$ ein fest gewählter Zeitpunkt.

Die Struktur, über die wir uns in Form der Annahmen A_1, A_2 und A_3 geeinigt haben, muß so stark wie möglich ausgenutzt werden, wenn wir die Wahrscheinlichkeiten in Gl. (16) bestimmen wollen. Wir tun das, indem wir das Intervall $]0, t]$ in kleinere Intervalle zerlegen und dann die Tatsache verwenden, daß $N(t)$ die Summe der Ereigniszahlen in diesen kleineren Intervallen ist.

Wir wählen ein $n \in \mathbb{N}$ und teilen $]0, t]$ in n gleich große Intervalle:

$$I_1 = \left]0, \frac{t}{n}\right], \quad I_2 = \left]\frac{t}{n}, \frac{2t}{n}\right], \quad \dots, \quad I_n = \left]\frac{(n-1)t}{n}, t\right].$$

Dann ist

$$N(t) = N(I_1) + N(I_2) + \dots + N(I_n). \tag{17}$$

Infolge unserer Annahme sind $N(I_1)$, $N(I_2)$, ..., $N(I_n)$ unabhängig und identisch verteilt. Für jedes $k = 0, 1, 2, \dots$ ist daher

$$P(N(I_1) = k) = P(N(I_2) = k) = \dots = P(N(I_n) = k). \tag{18}$$

Wegen Gl. (12) gilt außerdem

$$E(N(I_1)) = E(N(I_2)) = \dots = E(N(I_n)) = \frac{\lambda t}{n}. \tag{19}$$

Zunächst sieht es gar nicht so aus, als ob wir irgendwas gewonnen hätten – wir haben ja lediglich $N(t)$ als Summe von unabhängigen Zufallsvariablen des gleichen Typs geschrieben –, und das ist noch keine Vereinfachung, eher das Gegenteil.

Es gibt aber einen Unterschied: $N(I_1)$, $N(I_2)$, ..., $N(I_n)$ sind die Ereigniszahlen in kleineren Intervallen, und durch Wahl von n können wir die Intervalle I_1, ..., I_n so klein machen, wie wir wollen.

Diese Freiheit in der Wahl von n – Gl. (17) ist ja für jedes n exakt – können wir dazu benutzen, n so groß zu wählen, daß $\frac{t}{n}$, die Länge der Intervalle I_1, ..., I_n, viel kleiner als die mittlere Wartezeit μ wird. Damit *müssen* wir erreichen, das sagt uns der gesunde Menschenverstand, daß höchstens noch ein Ereignis in jedem der Intervalle I_1, ..., I_n stattfindet.

Wählt man n hinreichend groß, können wir also damit rechnen, daß $N(I_1)$, $N(I_2)$, ..., $N(I_n)$ nur die Werte 0 oder 1 annehmen. Gewiß wird das nicht immer zutreffen, es wird immer eine positive, aber sehr kleine Wahrscheinlichkeit bleiben, daß zwei (oder mehr) Ereignisse in eines der Intervalle I_1, I_2, ..., I_n fallen. Es sollte aber möglich sein, die Zufallsvariablen $N(I_1)$, ..., $N(I_n)$ durch neue Zufallsvariable $N^*(I_1)$, ..., $N^*(I_n)$ zu ersetzen, die tatsächlich nur die Werte 0 und 1 annehmen können, so daß die durch

$$N^*(t) := N^*(I_1) + N^*(I_2) + ... + N^*(I_n) \qquad (20)$$

definierte Zufallsvariable in guter Annäherung die gleiche Verteilung wie $N(t)$ besitzt.

Um diese Überlegungen sinnvoll zu machen, sind einige weitere Annahmen über die $N^*(I_1)$, ..., $N^*(I_n)$ notwendig, die darüber hinausgehen, daß es sich lediglich um Bernoulli-Variable handelt. Da die $N(I_1)$, ..., $N(I_n)$ unabhängig sind, sollte man auch die Unabhängigkeit von $N^*(I_1)$, ..., $N^*(I_n)$ verlangen. Und da die $N(I_1)$, ..., $N(I_n)$ alle den Mittelwert $\lambda t/n$ haben, wird man das natürlicherweise auch von den $N^*(I_1)$, ..., $N^*(I_n)$ fordern, d. h. die Erfolgswahrscheinlichkeit für diese Zufallsvariablen wird durch

$$p = \frac{\lambda t}{n} \qquad (21)$$

festgelegt.

Kurz gesagt, wir lassen $N^*(I_1)$, ..., $N^*(I_n)$ unabhängige Bernoulli-Variable mit der durch Gl. (21) gegebenen Erfolgswahrscheinlichkeit sein und behaupten also, daß die Verteilung von $N^*(t)$, wie oben definiert, eine gute Approximation der Verteilung von $N(t)$ ist.[5]

Aber die Verteilung von $N^*(t)$ kennen wir! Es ist eine Binomialverteilung mit den Parametern n und p, also ist [vgl. Gl. (10)]

$$P(N^*(t) = k) = \binom{n}{k} \left(\frac{\lambda t}{n}\right)^k \left(1 - \frac{\lambda t}{n}\right)^{n-k} ; \quad k = 0, 1, 2, ..., n. \tag{22}$$

Zunächst haben wir dabei ein festes n im Auge – deshalb ist die Abhängigkeit der Zufallsgröße $N^*(t)$ von n notationsmäßig in Gl. (22) nicht zum Ausdruck gekommen. Natürlich hängt $N^*(t)$ von n ab, wie man etwa an der rechten Seite von Gl. (22) sieht.

Die Diskussion hat uns davon überzeugt, daß der Grenzübergang $n \to \infty$ in Gl. (22) die gewünschten Wahrscheinlichkeiten liefert. Wir haben auch klar gemacht, daß die folgende Annahme sicherstellen wird, daß alles gut geht:

Annahme A_4 (eine *Regularitätsbedingung*): Für jedes $t > 0$ gilt

$$\lim_{n \to \infty} P\left(\bigcup_{k=1}^{n} \left\{ N\left(\left] \frac{(k-1)t}{n}, \frac{kt}{n} \right] \right) \geq 2 \right\} \right) = 0.$$

Wenn wir zu den Komplementärmengen übergehen, läßt sich die Annahme auch so formulieren:

$$P\left(\bigcap_{k=1}^{n} \left\{ N\left(\left] \frac{(k-1)t}{n}, \frac{kt}{n} \right] \right) \leq 1 \right\} \right) \to 1 \quad \text{für } n \to \infty. \tag{23}$$

Die Annahme A_4 gehört zu den harmlosen. Wenn wir einem Physiker erklären, was diese Annahme bedeutet, und ihn um „Erlaubnis" fragen, sie zu akzeptieren, wird er ohne Zögern ja sagen. Selbstverständlich!

Aber warum haben wir diese Annahme nicht schon unter den anderen aufgeführt? Der Grund ist einfach der, daß man von vornherein nicht einmal davon träumen würde, eine solche Annahme zu treffen. Es ist klar, daß diese

---

[5] Man bemerke, daß wir den zu $N^*(I_1)$, ..., $N^*(I_n)$ gehörigen Wahrscheinlichkeitsraum gar nicht erwähnt haben. Es handelt sich ja nur darum, eine *Verteilung* zu finden, die dicht bei der gesuchten liegt. Wenn man darauf *besteht*, auf dem zu $N(I_1)$, ..., $N(I_n)$ gehörigen Wahrscheinlichkeitsraum zu erarbeiten, läßt sich das leicht bewerkstelligen, indem man $N^*(I_k) = 0$ setzt, wenn $N(I_k) = 0$ ist, und $N^*(I_k) = 1$, falls $N(I_k) \geq 1$ (dabei unterscheidet sich allerdings die Erfolgswahrscheinlichkeit ein wenig von der in Gl. (21) angeführten).

30

Annahme erst im Verlauf der mathematischen Analyse aufgetaucht ist. Sie ist harmlos vom Standpunkt eines Physikers und soll nur sicherstellen, daß die mathematische „Maschinerie" reibungslos läuft. Derartige Annahmen nennt man häufig *Regularitätsbedingungen.*

Normalerweise interessieren diese Regularitätsbedingungen nur den Mathematiker; dem Physiker (Anwender) ist derartiges ziemlich gleichgültig. In unserem Beispiel könnten wir z. B. gerne annehmen, daß die Verteilungsfunktion $P(v_1 \leqslant x)$ der Wartezeiten beliebig oft differenzierbar ist für $x > 0$.

These 17: Regularitätsbedingungen sind „Pedanterien" aus der Sicht des Anwenders, aber notwendig für die mathematische Analyse und deren Verständnis.

Es gibt einen wichtigen Grund, nicht nur über die sich selbst erklärenden strukturellen Annahmen genau Buch zu führen, sondern auch über die Regularitätsbedingungen. Steht nämlich eines Tages der Anwender vor einem Phänomen, das einem bestimmten mathematischen Modell folgen sollte, bei dem aber die Beobachtungen im Konflikt dazu stehen, so ist vielleicht gerade eine derartige Regularitätsbedingung verletzt. Das aus mathematischer Sicht mögliche „irreguläre" Verhalten kann so unter Umständen dazu beitragen, neue physikalische Gesetzmäßigkeiten aufzudecken.

An diesem Punkt müssen wir erkennen, daß der Angewandte Mathematiker leider oft Zurückhaltung bei den „Pedanterien" üben muß und so auf eine tiefergehende mathematische Analyse verzichtet; es sind bisweilen einfach zu viele tiefsinnige theoretische Aspekte, die da hineinspielen und zu bewältigen sind, bevor man zu einem Ergebnis kommt. Er muß deshalb so große mathematische Einsicht und Erfahrung haben, daß er nachgeordnete theoretische Probleme beiseite lassen kann, um so seine Zeit den für die konkreten Anwendungen wichtigen Fragestellungen zu widmen.

Wir lassen jetzt diese philosophischen Betrachtungen und vollziehen den Grenzübergang $n \to \infty$ in Gl. (22). Zunächst schreiben wir Gl. (22) in der Form

$$P(N_n^*(t) = k) \tag{24}$$

$$= \frac{(\lambda t)^k}{k!} \cdot \left(1 - \frac{1}{n}\right)\left(1 - \frac{2}{n}\right) \cdot \ldots \cdot \left(1 - \frac{k-1}{n}\right) \cdot \left(1 - \frac{\lambda t}{n}\right)^{-k} \cdot \left(1 - \frac{\lambda t}{n}\right)^{n}.$$

Hier haben wir $N_n^*(t)$ anstelle von $N^*(t)$ geschrieben, da die Abhängigkeit von n jetzt wesentlich ist. Man beachte, daß sowohl t als auch k fixiert sind bei dem folgenden Grenzübergang.

Offenbar ist

$$\lim_{n \to \infty} \left[\frac{(\lambda t)^k}{k!} \cdot \left(1 - \frac{1}{n}\right)\left(1 - \frac{2}{n}\right) \cdots \left(1 - \frac{k-1}{n}\right) \left(1 - \frac{\lambda t}{n}\right)^{-k} \right] = \frac{(\lambda t)^k}{k!} \cdot \qquad (25)$$

Zu untersuchen bleibt also lediglich das Verhalten von $(1 - \lambda t/n)^n$ für $n \to \infty$. Hat man einmal die Idee, vom Logarithmus Gebrauch zu machen, so wird diese Aufgabe sehr leicht. Man bekommt

$$\lim_{n \to \infty} \left(1 + \frac{a}{n}\right)^n = e^a \quad \text{für alle} \quad a \in \mathbb{R}. \qquad (26)$$

Beweis von Gl. (26): Wegen der Stetigkeit der Exponentialfunktion reicht es zu zeigen, daß

$$\lim_{n \to \infty} \left[n \cdot \log \left(1 + \frac{a}{n}\right) \right] = a.$$

Nun ist

$$n \cdot \log \left(1 + \frac{a}{n}\right) = a \cdot \frac{\log(1 + \frac{a}{n}) - \log 1}{\frac{a}{n}}.$$

und der Quotient auf der rechten Seite konvergiert gegen die Ableitung der Funktion $x \mapsto \log(1 + x)$ im Nullpunkt, d. h. gegen 1. ●

Aus den Gln. (24), (25), (26) und der folgenden Grenzwertbeziehung, die wir ja bereits gründlich erörtert haben:

$$\lim_{n \to \infty} P(N_n^*(t) = k) = P(N(t) = k)$$

folgt nun der

Satz 1: Unter den Annahmen A_1, A_2, A_3 und A_4 gelten folgende Aussagen, wobei λ die Intensität bezeichnet:

(i) Für jedes $t > 0$ und jedes $k = 0, 1, 2, \ldots$ ist

$$P(N(t) = k) = \frac{(\lambda t)^k}{k!} \, e^{-\lambda t}.$$

(ii) Für $0 < s < t$ sind die Zufallsvariablen $N(t) - N(s)$ und $N(t-s)$ identisch verteilt.

(iii) Für $0 < s_1 < s_2 < \ldots$ sind die Zufallsvariablen $N(s_1)$, $N(s_2) - N(s_1)$, $N(s_3) - N(s_2)$, $\ldots$ unabhängig.

In (ii) und (iii) haben wir einige schon vorher diskutierte Eigenschaften wiederholt.

Die Zufallsvariablen $N(t)$, $t > 0$ bilden eine ganze Schar; man sagt, daß $(N(t))_{t>0}$ ein stochastischer Prozeß ist. Unter den Bedingungen (i), (ii) und (iii) von Satz 1 heißt $(N(t))_{t>0}$ *Poissonprozeß mit Intensität* λ.

Eine einzelne Zufallsvariable X ist *poissonverteilt,* sofern X nur die Werte $0, 1, 2, \ldots$ annimmt, und dies mit den Wahrscheinlichkeiten

$$P(X = k) = \frac{\lambda^k}{k!}\, e^{-\lambda}, \quad k = 0, 1, 2, \ldots \tag{27}$$

für ein $\lambda \in [0, \infty[$.

Die durch (27) gegebene Verteilung heißt *Poissonverteilung mit Parameter* λ. Offenbar ist $\lambda = E(X)$.

In einem Poissonprozeß mit Intensität λ sind die einzelnen Zufallsvariablen poissonverteilt mit einem Parameter, der proportional zur „Zeit" t ist; der zugehörige Proportionalitätsfaktor ist gerade λ.

Die Eigenschaften (i), (ii) und (iii) erlauben es, alle Wahrscheinlichkeiten, an denen wir interessiert sind, auszurechnen. So finden wir etwa für die Ankunftszeiten t_1, t_2, $\ldots$ und die Wartezeiten v_1, v_2, $\ldots$ (in beiden Fällen handelt es sich ja um Zufallsvariable) folgende Resultate:

Satz 2

(i) Für jedes $n = 1, 2, \ldots$ ist die Verteilungsfunktion der n-ten Ankunftszeit gegeben durch

$$P(t_n \leqslant t) = e^{-\lambda t} \cdot \sum_{k=n}^{\infty} \frac{(\lambda t)^k}{k!} = 1 - e^{-\lambda t} \cdot \sum_{k=0}^{n-1} \frac{(\lambda t)^k}{k!}, \quad t > 0.$$

(ii) Die Wartezeiten v_1, v_2, $\ldots$ sind unabhängig und identisch verteilt mit der Verteilungsfunktion

$$P(v_1 \leqslant x) = 1 - e^{-\lambda x}, \quad x \geqslant 0.$$

Die mittlere Wartezeit beträgt

$$E(v_1) = 1/\lambda.$$

Beweis. Natürlich werden auch hier die Bedingungen des Satzes 1 vorausgesetzt!

(i): Dies folgt aus Satz 1 wegen

$$P(t_n \leq t) = P(N(t) \geq n) = 1 - P(N(t) < n).$$

(ii): Teils haben wir nur Eigenschaften wiederholt, die wir bereits früher eingesehen haben, teils liegt eine triviale Folgerung von (i) vor, da ja $v_1 = t_1$ ist. ●

Die in Satz 2 auftretende Wartezeitverteilung wird *Exponentialverteilung mit Parameter* λ genannt. Eine nichtnegative Zufallsgröße X heißt *exponentialverteilt,* wenn es ein $\lambda \in [0, \infty[$ gibt mit

$$P(X \leq x) = 1 - e^{-\lambda x}, \quad x \geq 0. \tag{28}$$

Wir erkennen, daß ein Poissonprozeß mit Intensität λ sich dadurch charakterisieren läßt, daß er für $t > 0$ die Anzahl der Ereignisse bis hin zu t angibt, wobei die Ereignisse so eintreffen, daß die zugehörigen Wartezeiten unabhängige exponentialverteilte Zufallsgrößen mit Parameter λ sind (!).

10

Konfrontation mit der Wirklichkeit

Das von uns aufgestellte Modell ergibt eine gute Übereinstimmung mit beobachteten radioaktiven Prozessen. Viel überzeugender wirkt es natürlich, selbst solche Beobachtungen vorzunehmen und zu sehen, wie diese mit der Theorie übereinstimmen.

Es kann, wie schon gesagt, praktisch schwierig – oft sogar unmöglich – sein, die Ankunftszeiten präzise zu bestimmen. Leichter ist es, einen passenden Zeitraum zu wählen und dann die Anzahlen der Ereignisse in disjunkten Intervallen der vorher gewählten Länge festzustellen. Diese beobachteten Werte lassen sich bequem angeben in Form einer Tabelle der Zahlen N_k und zugehörigen $k = 0, 1, 2, ...$, wobei

$$N_k = \text{Anzahl der Zeitintervalle, in denen k Ereignisse stattfinden.} \qquad (29)$$

Wir führen zwei weitere Größen U und V ein:

$$U = \text{Anzahl aller beobachteten Zeitintervalle} \qquad (30)$$

$$V = \text{Gesamtzahl der beobachteten Ereignisse.} \qquad (31)$$

Es ist also

$$U = N_0 + N_1 + N_2 + ... , \qquad (32)$$
$$V = N_1 + 2N_2 + 3N_3 + ... \qquad (33)$$

Die beobachtete Intensität λ_b, gemessen durch die durchschnittliche Zahl von Ereignissen pro Zeitintervall[6], ist durch

$$\lambda_b = \frac{V}{U} \qquad (34)$$

---

[6] Oft wird man es vorziehen, die Anzahl von Ereignissen pro Zeiteinheit (z. B. pro Sekunde) zu bestimmen. In diesem Fall ist in Gl. (34) noch durch die Länge T eines Zeitintervalls zu dividieren.

gegeben. Unser Modell läßt uns natürlich erwarten, daß die Anzahl der Ereignisse in einem einzelnen Zeitintervall einer Poissonverteilung mit dem Parameter λ_b folgt, d.h. anstelle der (unbekannten) theoretischen Intensität benutzt man die beobachtete.

Auf diese Weise können wir die Wahrscheinlichkeit berechnen, daß in einem Zeitintervall k Ereignisse stattfinden; multipliziert mit der Gesamtzahl der beobachteten Intervalle, finden wir die *erwartete* Anzahl von Intervallen mit k Ereignissen; diese Größe nennen wir N_k^*; also ist

$$N_k^* = U \cdot \frac{\lambda_b^k}{k!} \cdot e^{-\lambda_b}, \quad k = 0, 1, 2, \ldots \tag{35}$$

Dabei halten wir uns an das Gesetz der Stabilisierung der relativen Häufigkeiten.

Eine gute Übereinstimmung zwischen den erwarteten Zahlen N_k und den beobachteten Werten N_k^* können wir als Bestätigung dafür deuten, daß unser mathematisches Modell die Wirklichkeit zufriedenstellend beschreibt. Eine etwas vorsichtigere Folgerung wäre, daß die vorliegende Untersuchung keinen Anlaß dazu gibt, daran zu zweifeln, daß das betrachtete Phänomen durch das mathematische Modell hinreichend gut beschrieben wird. In den Kapiteln 16 und 17 werden wir noch auf eine genauere statistische Analyse eingehen.

Ich will den Leser nicht gänzlich seinen eigenen Beobachtungen überlassen, sondern die Ergebnisse eines berühmten Experimentes anführen, welches Rutherford und Geiger im Jahre 1910 ausführten. Sie beobachteten ein radioaktives Präparat über U = 2608 Zeitintervalle, jedes von 7,5 Sekunden Länge. Im ganzen wurden V = 10097 Ereignisse registriert, womit also $\lambda_b = 3{,}87$ die durchschnittliche Anzahl von Zerfällen in 7,5 Sekunden ist. Tabelle 1 zeigt das Resultat, sowohl die beobachteten Werte N_k als auch die erwarteten Zahlen N_k^*, ausgerechnet gemäß Gl. (35) und gerundet zur nächsten ganzen Zahl. Die Tabelle wurde mit Hilfe der Programme P 1 und P 2 aufgestellt.

Tabelle 1

k	0	1	2	3	4	5	6	7	8	9	10	11	12	13	14	≥ 15
N_k	57	203	383	525	532	408	273	139	45	27	10	4	0	1	1	0
N_k^*	54	210	407	525	508	394	254	141	68	29	11	4	1	0	0	0

Die natürliche Reaktion auf diese Zahlen scheint mir zu sein, diese erstaunliche Übereinstimmung zwischen Theorie und Praxis mit Freude und Verblüffung zur Kenntnis zu nehmen. Man kann das auch noch stärker ausdrücken: Versetzen wir uns in die Situation von Rutherford und Geiger und bedenken wir die gewaltige Arbeit, die mit der Vorbereitung und Durchführung dieses Versuches verbunden war, so ist auch eine gewisse Begeisterung über diese Ergebnisse nicht abwegig. Unser Modell können wir auf diesem Hintergrund jedenfalls als bekräftigt ansehen.

Die beobachteten und zu erwartenden Zahlen lassen sich auch auf eine mehr visuelle Art in Form eines sog. *Histogramms* veranschaulichen; was damit gemeint ist, geht aus Bild 4 hervor.

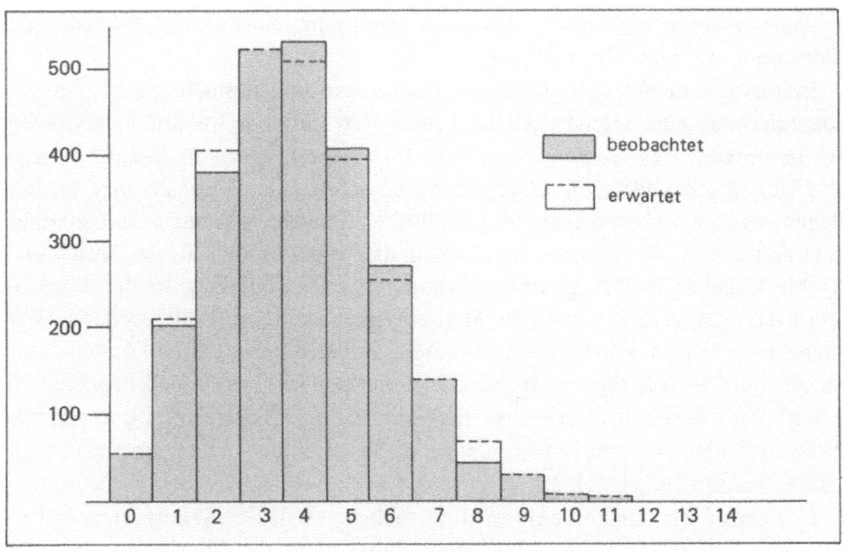

Bild 4 Histogramme für den Rutherford-Geiger-Versuch

11

Kritik an der Mathematik

Unsere Ableitung der Hauptresultate (Sätze 1 und 2) läßt sich kritisieren! Zentraler Kritikpunkt ist, daß wir vergessen haben, „die Probe zu machen". Wenn wir Gleichungen lösen, erst einmal losrechnen und dann zu einem (vorläufigen) Resultat gelangen, so wissen wir, daß wir die Probe zu machen haben, um eventuelle falsche Lösungen zu eliminieren. Dasselbe gilt natürlich auch, wenn wir Modelle aufstellen.

In unserer konkreten Situation müssen wir uns deshalb fragen, ob der Poissonprozeß eine solche „falsche Lösung" ist und dann natürlich verworfen werden müßte. Das wäre außerordentlich schade, da dieser Prozeß die einzige Möglichkeit darstellt. Ein Physiker würde schon allein deshalb den Schluß ziehen, daß kein Grund bestünde, die Probe zu machen; es *müsse* einfach alles in Ordnung sein. Wir könnten doch *sehen,* daß es ein Modell für die Annahmen A_1 bis A_4 gebe, nämlich gerade den radioaktiven Zerfall. Eine solche Betrachtungsweise ist leider für einen Mathematiker nicht zufriedenstellend. Wir haben zwar ein physikalisches Phänomen, an das wir uns halten können, aber warum muß es sich eigentlich durch ein mathematisches Modell beschreiben lassen? Wir müssen uns fragen, ob die Wahrscheinlichkeitsrechnung so phantastisch ist, daß sie eine mathematische Beschreibung jedes stochastischen realen Phänomens ermöglicht.

Es ist also sehr angebracht, zu untersuchen, ob das Modell unseren Anforderungen genügt. In erster Linie steht dabei nicht die Physik, sondern die Mathematik auf der Probe, denn radioaktive Prozesse existieren, ob wir Mathematiker dafür nun passende Modelle finden oder nicht. An dem physikalischen Phänomen ist nicht zu rütteln, das ist einfach eine Tatsache. Bevor wir aber nicht das Modell in allen Details konstruiert und die gestellten rein mathematischen Anforderungen nicht allesamt geprüft haben, sind unsere Aufgaben als Mathematiker noch nicht erfüllt.

Der Hinweis darauf, daß wir bereits im letzten Abschnitt sahen, wie gut das Modell radioaktive Prozesse beschreibt, reicht nicht. Selbst wenn das Modell ungeeignet wäre, die Wirklichkeit zu beschreiben, wäre es immer noch eine sinnvolle Aufgabe, die innere mathematische Konsistenz dieses Modells zu überprüfen.

Was müssen wir nun tatsächlich nachprüfen? Als erstes wohl, ob die in Satz 1 (i) gefundenen Zahlen wirklich Wahrscheinlichkeiten sind! Sicher sind die dort angegebenen Zahlen nichtnegativ, aber wir haben uns noch nicht davon überzeugt, ob ihre Summe eins ist. Diese Sorge mag übertrieben erscheinen, denn wir haben die Zahlen $P(N(t) = k)$ durch Aufstellen eines Schemas von Wahrscheinlichkeiten gefunden:

$$
\begin{array}{c|l}
 & \hspace{6em}\text{k-te Spalte} \\
\hline
 & \vec{p}_1 = (p_{10}, p_{11}) \\
 & \vec{p}_2 = (p_{20}, p_{21}, p_{22}) \\
 & \quad\vdots \\
 & \vec{p}_k = (p_{k0}, p_{k1}, p_{k2}, \dots, p_{kk}) \\
 & \quad\vdots \\
\text{n-te Zeile} & \vec{p}_n = (p_{n0}, p_{n1}, p_{n2}, \dots, p_{nk}, \dots, p_{nn}) \\
 & \quad\vdots
\end{array}
$$

und dann für jedes k den Grenzübergang $n \to \infty$ vollzogen (man setze $p_{nk} := P(N_n^*(t) = k)$). Es handelt sich also um einen Grenzwert der Spalten (s. obiges Schema). Damit ist aber nicht gesichert, daß wir es nach dem Grenzübergang noch immer mit einer Wahrscheinlichkeitsverteilung zu tun haben, wie das triviale Beispiel $\vec{p}_n = (0, 0, \dots, 0, 1)$ mit $n = 1, 2, 3 \dots$ zeigt. Grund zur Nachprüfung ist also vorhanden. Indes ist das hier nicht schwer und folgt direkt aus der für alle $x \in \mathbb{R}$ gültigen Formel

$$e^x = \sum_{k=0}^{\infty} \frac{x^k}{k!} \tag{36}$$

(Leser, die diese Formel nicht kennen, seien auf Übung 20 verwiesen.)

Danach könnte man dazu übergehen, nachzuprüfen, ob die Annahmen A_1 bis A_4 bei unserem Modell erfüllt sind. Aber das wollen wir jetzt nicht tun (bzgl. der Regularitätsbedingung A_4 verweisen wir auf Übung 22).

Hingegen müssen wir darauf aufmerksam machen, daß Satz 1 streng genommen überhaupt kein wahrscheinlichkeitstheoretisches Modell angibt! Denn wo ist der Ereignisraum? Und wo ist das Wahrscheinlichkeitsmaß? Darüber steht da nichts – und das mit gutem Grund. Wir haben darüber bis jetzt noch gar nicht nachgedacht!

Was wir bis jetzt bewiesen haben, ist im wesentlichen folgendes: *Wenn* es einen Wahrscheinlichkeitsraum (Ω, P) und darauf für jedes $t > 0$ Zufallsvariable $N(t)$ mit Werten in $\{0, 1, 2, ...\}$ gibt derart, daß A_1 bis A_4 erfüllt sind, dann sind die Sätze 1 und 2 gültige Folgerungen.

Dazu sind drei Bemerkungen zu machen. Erstens: Man *kann* ein passendes stochastisches Modell mit Wahrscheinlichkeitsraum, Zufallsvariablen und allem, was dazugehört, finden. Zweitens: Das ist ziemlich schwer. Drittens: Diese Anstrengung sollte man dem Reinen Mathematiker überlassen!

Zu dieser letzten Bemerkung vergleiche man noch einmal die in den Thesen 13, 14 und 15 zum Ausdruck gebrachte Haltung. Im Hinblick auf den neugierigen und wißbegierigen Leser – den man ja nicht enttäuschen darf – will ich dennoch andeuten, wie man einen passenden Wahrscheinlichkeitsraum konstruieren kann.

Bezüglich der Wahl des Ergebnisraums halten wir uns an eine Idee, die sich bereits in der elementaren Wahrscheinlichkeitsrechnung als fruchtbar erwies, wo man Modelle für das Würfeln und dergleichen behandelt. Die Idee ist, ein einzelnes Ergebnis $\omega \in \Omega$ einen möglichen „Zustand", „Verlauf", eine „Entwicklung" des betrachteten Phänomens repräsentieren zu lassen. In unserem Fall wird man so in natürlicher Weise als Ω die Menge aller Funktionen $\omega : \mathbb{R}_+ \to \{0, 1, 2, ...\}$ wählen, die schwach monoton steigend sind und an den Sprungpunkten die Sprunghöhe 1 haben.

Bei dieser Wahl von Ω kann man für jedes $t > 0$ die Zufallsvariable $N(t)$ als die Abbildung $\omega \mapsto \omega(t)$ definieren.

Um einiges verwickelter ist die Definition des Wahrscheinlichkeitsmaßes P auf Ω, so daß $(N(t))_{t>0}$ zu einem Poissonprozeß der Intensität λ wird. Andeutungsweise wollen wir es versuchen. Man muß für immer komplizertere Ereignisse $A \subseteq \Omega$ deren Wahrscheinlichkeit $P(A)$ festlegen. Natürlich wird man zunächst $P(\Omega) = 1$ und $P(\emptyset) = 0$ setzen. Für $t > 0$ und $k \in \{0, 1, 2, ...\}$ wird man der Teilmenge

$$\{\omega \in \Omega \mid \omega(t) = k\} = \{\omega \in \Omega \mid (N(t))(\omega) = k\} = \{N(t) = k\}$$

die Wahrscheinlichkeit

$$P(N(t) = k) = \frac{(\lambda t)^k}{k!} e^{-\lambda t}$$

zuordnen. Der nächste Schritt wäre, für $t_1 > 0$, $t_2 > 0$ und k_1, $k_2 \in \{0, 1, 2, ...\}$ die Wahrscheinlichkeit der Menge

$$\{\omega \in \Omega \mid \omega(t_1) = k_1, \; \omega(t_2) = k_2\} = \{N(t_1) = k_1, \; N(t_2) = k_2\}$$

zu bestimmen. In Bild 5 ist ein typisches Ergebnis ω angedeutet, das zu diesem Ereignis gehört (das aus genau den „Pfaden" $\omega \in \Omega$ besteht, die durch die beiden Kreuze laufen). Zur Festsetzung der Wahrscheinlichkeit dieses Ereignisses verweisen wir auf Übung 29.

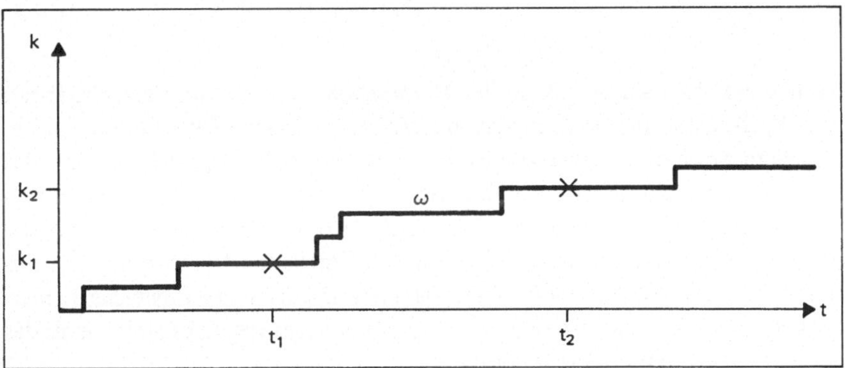

Bild 5

Im Prinzip kann man so fortfahren und darauf hoffen, „zuletzt" die Wahrscheinlichkeitsfunktion vollständig definiert zu haben. Dabei sind allerdings noch weitere mathematische Hürden zu nehmen; immerhin hat der Leser eine Andeutung bekommen, welche rein mathematischen Probleme beim Aufstellen eines Modells für zufällige Phänomene auftauchen können und zu lösen sind. (In Kapitel 17 kommen wir auf diese Problemstellung zurück, aber in einem anderen und auch einfacheren Zusammenhang.)

In diesem Abschnitt haben wir die Mathematik kritisiert; wir haben einzelne Kritikpunkte zurückgewiesen, mußten gegenüber anderen aber zurückstecken.

Eine Haltung, oder besser Erkenntnis, die sich aus unserer Diskussion ergeben hat, ist die folgende

These 18: Mathematik ist nichts absolutes. Mathematische Strukturen und Modelle können auf mehreren Ebenen verstanden und diskutiert werden.

12

Kritik an der Physik

Nach dieser heftigen Kritik an der Mathematik wäre es kaum gerechtfertigt, die Physik ganz ungeschoren davonkommen zu lassen. Zwei Punkte sind es vor allem, wo Kritik anzusetzen ist. Der eine und zugleich primäre berührt das von uns untersuchte Phänomen überhaupt. Der andere, sekundäre bezieht sich auf die Beobachtungsmethode; hier stellt sich nämlich die Frage, ob die verwendete Apparatur uns wirklich zu präzisen Beobachtungen des von uns angepeilten Phänomens führt — möglicherweise gibt es irgendwelche Fehlerquellen, die uns in die Irre führen, d. h. zur Beobachtung eines anderen als des beabsichtigten Phänomens verleiten.

An primären Kritikpunkten nennen wir drei. Zunächst sei darauf hingewiesen, daß in vielen radioaktiven Präparaten mehrere Prozesse gleichzeitig ablaufen, so daß der Gesamteffekt praktisch eine „Summe", oder, wie man auch sagt, eine *Superposition* (Überlagerung) mehrerer Einzelprozesse darstellt. Nehmen wir etwa an, daß in Wirklichkeit zwei Prozesse vor sich gehen. Der eine sei durch einen Poissonprozeß $(N_1(t))_{t>0}$ mit der Intensität λ_1, der andere durch einen Poissonprozeß $(N_2(t))_{t>0}$ der Intensität λ_2 beschrieben. Die aus beiden Prozessen stammende Gesamtzahl $N(t)$ von Ereignissen im Zeitintervall $]0, t]$ ist dann

$$N(t) = N_1(t) + N_2(t), \quad t > 0.$$

Unter der Voraussetzung, daß die beiden Prozesse sich gegenseitig nicht beeinflussen, was sich mathematisch darin niederschlägt, daß die Zufallsvariablen des „Typs 1" von denen des „Typs 2" unabhängig sind, kann man zeigen, daß $(N(t))_{t>0}$ wieder ein Poissonprozeß ist, für dessen Intensität λ gilt

$$\lambda = \lambda_1 + \lambda_2.$$

Das ist sogar recht einfach zu beweisen (s. Übung 25).

Man sagt, $(N(t))_{t>0}$ ist die *Superposition* der unabhängigen Poissonprozesse $(N_1(t))_{t>0}$ und $(N_2(t))_{t>0}$.

Folgendes haben wir mit dieser Diskussion eingesehen: Jeden Poissonprozeß kann man sich im Prinzip durch Superposition von zwei oder mehreren unabhängigen Poissonprozessen entstanden denken. Unser mathematisches Modell macht indes keinerlei Aussage über die Anzahl der dabei eingehenden „Einzelprozesse". Darüber eine Aussage zu machen, ist eine Aufgabe des Physikers. Aber selbst wenn der Physiker eingesehen hat, daß genau zwei (voneinander unabhängige) Einzelprozesse eingehen, wäre es aus mathematischer Sicht nicht möglich, aus den Beobachtungen der Superposition $N(t) = N_1(t) + N_2(t)$ eine Aussage über die Einzelbeiträge der Teilprozesse zu machen – auch von den Intensitäten ist lediglich die Summe bekannt.

Will man in dem genannten Fall Klarheit über die Einzelprozesse erhalten, so hat das aufgrund einer weitergehenderen Analyse der physikalischen Gegebenheiten zu erfolgen. So wäre denkbar, daß Unterschiede hinsichtlich der Massen-, Ladungs- oder Energieverhältnisse dem Physiker Versuchsanordnungen erlauben, die zu einer Trennung der zwei Einzelprozesse führen, oder daß man durch passende Filter einen der Prozesse „ausblenden" kann. Genau das geschieht häufig, z. B. läßt sich aus einer sowohl α- als auch β-aktiven Quelle die α-Strahlung „herausfiltern".

Diese Betrachtungen passen in ihrer Tendenz gut zu These 3 und der sich daran anschließenden Diskussion.

Man kann sich auch vorstellen, daß zwei oder mehr Einzelprozesse eingehen, die aber abhängig sind. Das ist beispielsweise der Fall, wenn Atomkerne über mehrere Zwischenstadien zu einem stabilen Atomkern zerfallen, etwa bei den sog. radioaktiven Zerfallsreihen.

Als dritter primärer Kritikpunkt sei erwähnt, daß die Intensität bei einer im Verhältnis zur Beobachtungszeit recht kurzen Halbwertzeit nicht mehr als konstant angesehen werden darf. Ein mathematisches Modell, das diese Möglichkeit berücksichtigt, findet man in Übung 38 skizziert. Vielleicht interessiert es den Leser, daß die Halbwertzeit von Polonium-210, welches Rutherford und Geiger in ihrem Versuch benutzten, nur 138,4 Tage beträgt; da die Beobachtungen sich über fünf Tage erstreckten, mußten sie die Quelle jeden Tag dichter heranrücken, um immer noch mit konstanter Intensität rechnen zu können.

Alle diese Einwendungen sind in gewisser Weise nicht allzu ernst zu nehmen. Wir haben ja bei der Ableitung unserer Hauptresultate Komplikationen dieser Art sorgfältig vermieden. Die Kritik stellt also nicht so sehr das aufgestellte Modell, sondern eher dessen Relevanz in Frage. Darüber hinaus sehen wir, daß weitergehendere Untersuchungen gegebenenfalls feinere und kompliziertere Modelle notwendig machen.

Auch in sekundärer Hinsicht haben wir drei Kritikpunkte. Zunächst ist festzuhalten, daß die meisten Zähler nicht in der Lage sind, die Hintergrundstrahlung zu eliminieren. Man beobachtet also in Wirklichkeit die Superposition des eigentlichen, von dem radioaktiven Präparat stammenden Prozesses und der Hintergrundstrahlung. Selbstverständlich sind diese beiden Prozesse voneinander unabhängig, und da auch die Hintergrundstrahlung sehr genau dem Modell eines Poissonprozesses folgt, gilt das weiter oben angeführte hinsichtlich dieser Superposition.

Zum zweiten ist darauf hinzuweisen, daß es für jedes „Ereignis" (α-Teilchen, β-Teilchen, Photon) eine gewisse vom Apparat und der ganzen Versuchsanordnung abhängige *Entdeckungswahrscheinlichkeit* gibt, die wir p_e nennen wollen. Dabei wird angenommen, daß die Entdeckung irgendwelcher Ereignisse keinen Einfluß auf die Entdeckung anderer Ereignisse hat. Es sei $(N(t))_{t>0}$ der Poissonprozeß mit Intensität λ, den wir studieren wollen. Für $t > 0$ bezeichne $N_e(t)$ die Anzahl der entdeckten Ereignisse in $]0, t]$. Dann ist $(N_e(t))_{t>0}$ wieder ein Poissonprozeß, dessen Intensität λ_e durch

$$\lambda_e = p_e \cdot \lambda$$

gegeben ist. Dieses Resultat ist intuitiv recht klar und läßt sich im übrigen auch leicht beweisen (Übung 24).[7]

Als letzter komplizierender Umstand ist noch zu erwähnen, daß bei den meisten (alten ?) Versuchsanordnungen das Eintreten eines Ereignisses eine kurzzeitige „Lähmung" zur Folge hat, in der weitere Ereignisse unregistriert bleiben. Wir weisen auf zwei Modelle hin, die dieses berücksichtigen. Beide lassen sich durch eine Konstante h, die sog. *Totzeit* beschreiben, die normalerweise in μs (Mikrosekunden = 10^{-6} Sekunden) angegeben wird. Bild 6 illustriert diese Modelle.

Für beide Modelle gilt, daß ein Zerfall nur dann registriert wird, wenn er zu einer Zeit erfolgt, in der die Apparatur nicht „gelähmt" ist. Im Modell I führen nur die registrierten Zerfälle zu einer Lähmung, während im Modell II alle Zerfälle diese Lähmung zur Folge haben.

Die Totzeit hängt von der gesamten Meßapparatur, d.h. vom Zähler und der angeschlossenen Elektronik ab. Oft spielt aber nur der Zähler dabei eine Rolle. Ob Modell I oder Modell II (oder auch eine Zwischenstufe) richtig ist,

---

[7]Bei manchen Zählern ist eine feste Entdeckungswahrscheinlichkeit unrealistisch; in dem Fall ist auch p_e als eine Zufallsvariable anzusehen.

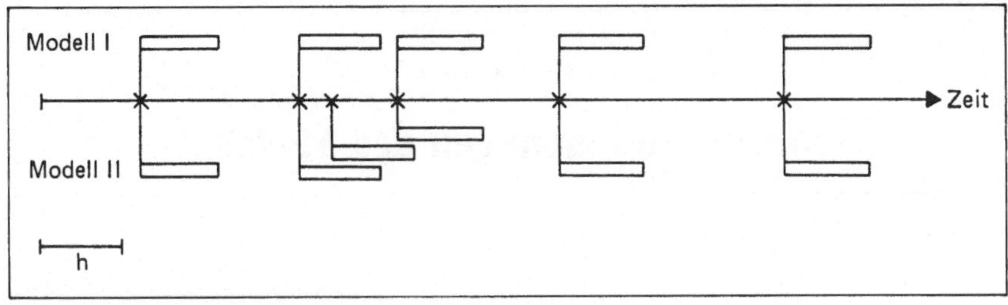

Bild 6 Zwei Modelle für die „Lähmung" bei einer Totzeit h der Apparatur

hängt von der Geräteauswahl ab. Der Unterschied zwischen beiden Modellen ist im übrigen sehr gering (jedenfalls solange die Totzeit klein gegenüber der mittleren Wartezeit ist), so daß man das mathematisch am ehesten zugängliche Modell wählen sollte, sofern diese Totzeit überhaupt Berücksichtigung finden soll.

In Kapitel 16 werden wir bei der Analyse von Schulversuchen noch näher auf die Komplikationen eingehen, die mit der Totzeit zusammenhängen, während die anderen angeführten Kritikpunkte keine wesentliche Rolle spielen werden.

Die Kritik an der Mathematik im letzten Kapitel führte zu dem Wunsch, das Modell besser zu verstehen (These 18); die Kritikpunkte dieses Kapitels führen in eine etwas andere Richtung:

These 19:   War man mit einem Modell zufrieden, entsteht oft der Wunsch, andere, auch kompliziertere Modelle zu beherrschen.

Damit zusammen hängt die folgende

These 20: Mathematik ist idealisierte Wirklichkeit.

Denn gerade, weil die Mathematik idealisiert ist, und deshalb nur auf gewissen charakteristischen Eigenschaften der Realität aufbaut mit einer entsprechend begrenzten Anzahl möglicher Zusammenhänge, wird immer ein Bedarf nach feineren Modellen bestehen bleiben, in denen weitere Eigenschaften zum Ausdruck kommen können.

In Verbindung mit These 19 sei noch bemerkt, daß auch rein interne mathematische Gründe zur Untersuchung anderer Modelle Anlaß geben können.

13

Andere Anwendungen des Modells

These 21: Gute mathematische Modelle haben mehrere konkrete Realisierungen.

Die Formulierung der Eigenschaften (i), (ii) und (iii) in Satz 1 ist nicht speziell auf radioaktive Prozesse zugeschnitten. Deshalb ist es möglich, den Poissonprozeß als Modell auch in anderen Zusammenhängen anzuwenden.

Die Überlegungen, die uns schließlich zum Poissonprozeß führten, hatten ihren Ausgangspunkt in gewissen Annahmen, die direkt an dem uns interessierenden konkreten Problem anknüpften. Er war also nicht etwa der Wunsch nach möglichst wenigen Voraussetzungen, der uns die Annahmen treffen ließ.

Wenn man sich für andere Anwendungen des Modells interessiert, möchte man sicher gerne wissen, ob sich das Modell rein mathematisch auch aus weniger bzw. ganz anderen Annahmen ableiten läßt. Damit würde in konkreten Situationen die Entscheidung erleichtert, ob es sinnvoll ist, das Modell anzuwenden.

Ohne auf einen Beweis einzugehen (der schwierig ist), erwähnen wir, daß sich Satz 1 allein aus den Voraussetzungen A_1 und A_4 herleiten läßt; die Annahmen A_2 und A_3 sind also überflüssig.

Wir sollten erwähnen, daß sich der Poissonprozeß auch dadurch charakterisieren läßt, daß die Wartezeiten unabhängig und exponentialverteilt mit gleichem Parameter sind (nicht trivial – mit genügend Energie aber einsehbar). Hinzuweisen ist auch darauf, daß die Angemessenheit der Annahme einer Exponentialverteilung bei einer Zufallsvariablen häufig leicht entscheidbar ist. Intuitiv hat man zu prüfen, ob das konkrete Phänomen, das man im Auge hat, spontanes Verhalten aufweist. Das hängt mit dem wichtigen mathematischen Resultat zusammen, daß sich die Exponentialverteilung durch die Gleichung

$$P(v \geq t + s \mid v \geq s) = P(v \geq t)$$

charakterisieren läßt (siehe Übung 16).

Die meisten Beispiele von Situationen, wo der Poissonprozeß ein vernünftiges Modell ist, haben als Ausgangsmaterial eine „Population". Ein Ereignis kann beispielsweise sein, daß ein Mitglied der Population einen Telefonanruf tätigt, sich an eine Warteschlange anschließt, an einem Unglück beteiligt ist, und dergleichen mehr.

14

Poisson-Approximation der Binomialverteilung

Unsere Herleitung des Satzes 1 beinhaltet noch einen unerwarteten Extragewinn. Angelpunkt des Beweises war ja der folgende

Satz 3. Eine binomialverteilte Zufallsgröße mit den Parametern n, p, wobei n groß und p klein ist, hat angenähert die gleiche Verteilung wie eine poissonverteilte Zufallsgröße mit dem Parameter λ = np.

Das ist recht lose formuliert. Bewiesen haben wir, daß für jedes $\lambda > 0$ und jedes k = 0, 1, 2, ...

$$\lim_{n \to \infty} \binom{n}{k} \cdot \left(\frac{\lambda}{n}\right)^k \cdot \left(1 - \frac{\lambda}{n}\right)^{n-k} = \frac{\lambda^k}{k!} \, e^{-\lambda}.$$

Nichts ist zunächst darüber ausgesagt, wie gut die Approximation ist. Einen Eindruck davon kann man sich an Hand von Beispielen verschaffen. Wir wählen den Fall λ = 5. Tabelle 2 zeigt die Wahrscheinlichkeiten und die akkumulierten Wahrscheinlichkeiten für eine Reihe von Binomialverteilungen mit n · p = 5 und für die Poissonverteilung mit λ = 5. Die Tabelle wurde erstellt mit Hilfe des Programmes P 2. Offensichtlich ist die Poisson-Approximation gut.

Ohne auf einen Beweis näher einzugehen, sei erwähnt, daß die Ungleichung

$$|P(X \in \Delta) - P(Y \in \Delta)| \leqslant \frac{\lambda}{n} \tag{37}$$

für jede Teilmenge $\Delta \subseteq \{0, 1, 2, ...\}$, jedes $\lambda > 0$ und jedes $n \in \{1, 2, 3, ...\}$ erfüllt ist, wenn X binomialverteilt mit den Parametern n, λ/n und Y poissonverteilt mit dem Parameter λ ist. An der Ungleichung (37) ist besonders bemerkenswert, daß nicht nur die Wahrscheinlichkeiten für einzelne k-Werte gut angenähert werden, sondern auch zusammengesetzte Wahrscheinlichkeiten für mehrere k-Werte.

Tabelle 2

k	Binomialverteilungen mit $n \cdot p = 5$				Poisson-Verteilung $\lambda = 5$
	n = 20	n = 50	n = 100	n = 500	
0	0.0032	0.0052	0.0059	0.0066	0.0067
	0.0032	0.0052	0.0059	0.0066	0.0067
1	0.0211	0.0286	0.0312	0.0332	0.0337
	0.0243	0.0338	0.0371	0.0398	0.0404
2	0.0669	0.0779	0.0812	0.0836	0.0842
	0.0913	0.1117	0.1183	0.1234	0.1247
3	0.1339	0.1386	0.1396	0.1402	0.1404
	0.2252	0.2503	0.2578	0.2636	0.2650
4	0.1897	0.1809	0.1781	0.1760	0.1755
	0.4148	0.4312	0.4360	0.4396	0.4405
5	0.2023	0.1849	0.1800	0.1764	0.1755
	0.6172	0.6161	0.6160	0.6160	0.6160
6	0.1686	0.1541	0.1500	0.1470	0.1462
	0.7858	0.7702	0.7660	0.7629	0.7622
7	0.1124	0.1076	0.1060	0.1048	0.1044
	0.8982	0.8779	0.8720	0.8677	0.8666
8	0.0609	0.0643	0.0649	0.0652	0.0653
	0.9591	0.9421	0.9369	0.9329	0.9319
9	0.0271	0.0333	0.0349	0.0360	0.0363
	0.9861	0.9755	0.9718	0.9689	0.9682
10	0.0099	0.0152	0.0167	0.0179	0.0181
	0.9961	0.9906	0.9885	0.9868	0.9863
11	0.0030	0.0061	0.0072	0.0080	0.0082
	0.9991	0.9968	0.9957	0.9948	0.9945
12	0.0008	0.0022	0.0028	0.0033	0.0034
	0.9998	0.9990	0.9985	0.9981	0.9980
13	0.0002	0.0007	0.0010	0.0013	0.0013
	1.0000	0.9997	0.9995	0.9994	0.9993
14	0.0000	0.0002	0.0003	0.0004	0.0005
	1.0000	0.9999	0.9999	0.9998	0.9998
15	0.0000	0.0001	0.0001	0.0001	0.0002
	1.0000	1.0000	1.0000	0.9999	0.9999
16	0.0000	0.0000	0.0000	0.0000	0.0000
	1.0000	1.0000	1.0000	1.0000	1.0000

Tabelle 2 zeigt, daß der rechnerisch größte Fehler bei Verwendung der Poissonwahrscheinlichkeiten anstelle der Binomialwahrscheinlichkeiten 0,0268; 0,0095; 0,0045 bzw. 0,0009 für die vier tabellierten Binomialverteilungen beträgt. Für zusammengesetzte Wahrscheinlichkeiten kann der Fehler größer werden. So findet man etwa

$$|P(X \leqslant 3) - P(Y \leqslant 3)| = 0{,}0147 \quad \text{für} \quad n = 50.$$

Aus zwei Gründen insbesondere ist die Poisson-Approximation der Binomialverteilung nützlich. Einmal sind Poissonwahrscheinlichkeiten leichter zu berechnen als Binomialwahrscheinlichkeiten, vor allem bei großem n, zum anderen hat man es oft mit einer Binomialverteilung zu tun, bei der man lediglich das Produkt np, nicht aber die Einzelparameter n und p kennt.

Schauen wir uns ein Beispiel an. L. von Bortkiewicz veröffentlichte in seinem Buch [3] von 1898 die Zahlen der Tabelle 3 von preußischen Armeekorps mit 0, 1, 2, 3, 4 und mindestens 5 Todesfällen pro Jahr aufgrund eines Hufschlags.

Von den untersuchten 200 Armeekorps gab es also immerhin 109 ohne Todesfall wegen eines Hufschlags in dem entsprechenden Jahr.

Mitgeteilt wird noch, daß die untersuchten Armeekorps etwa gleich groß und ähnlich zusammengesetzt waren, die Anzahl n von Soldaten in einem Korps wird aber nicht angegeben (in Bortkiewicz' Quelle, einer preußischen Statistik, wird man diese Größe n wohl finden können).

Auch ohne Kenntnis von n können wir uns über die Art dieses Phänomens Gedanken machen.

Wir wollen versuchen, die beobachteten Daten aus der Annahme heraus zu erklären, daß ein bereits eingetretener Todesfall nicht die Tendenz der Überlebenden, von einem Hufschlag ins Jenseits befördert zu werden, beeinflußt.

Tabelle 3

Zahl der Toten	Zahl der Armeekorps
0	109
1	65
2	22
3	3
4	1
≥ 5	0

Als Modellannahme wollen wir weiter davon ausgehen, daß die Tendenz bzw. Wahrscheinlichkeit, daß ein Soldat im Laufe eines Jahres durch Hufschlag ums Leben kommt, die gleiche ist für alle Soldaten. Diese Wahrscheinlichkeit nennen wir p.

Sei X die Zufallsvariable, die die jährliche Anzahl der Todesfälle durch Hufschlag in einem Armeekorps angibt. Unsere Modellbetrachtungen zeigen, daß X binomialverteilt sein muß mit den Parametern n und p (es gibt n Soldaten, die sich gegenseitig nicht beeinflussen, und jeder hat die „Erfolgs"-Wahrscheinlichkeit p).

Die Modellannahme zeigt auch, daß wir 200 unabhängige Beobachtungen dieser Binomialverteilung vorliegen haben.

Offenbar befinden wir uns in einer Situation, in der wir mit guter Näherung die Binomial- durch eine Poissonverteilung ersetzen können. Da der Parameter λ einer Poissonverteilung gerade deren Mittelwert ist, wird man diesen Parameter sinnvollerweise als empirischen Mittelwert der durch Tabelle 3 gegebenen Verteilung bestimmen, also

$$\lambda = 0 \cdot \frac{109}{200} + 1 \cdot \frac{65}{200} + 2 \cdot \frac{22}{200} + 3 \cdot \frac{3}{200} + 4 \cdot \frac{1}{200}$$

$$= 0{,}61.$$

Damit läßt sich nun die erwartete Anzahl von Armeekorps mit k solchen Todesfällen pro Jahr berechnen.

Diese Zahl ist

$$200 \cdot \frac{0{,}61^k}{k!} \cdot e^{-0,61}, \quad k = 0, 1, 2, \ldots .$$

Tabelle 4

Anzahl der Toten	erwartete Anzahl der Armeekorps
0	108,7
1	66,3
2	20,2
3	4,1
4	0,6
≥ 5	0,1

Ein Vergleich zwischen den Tabellen 3 und 4 zeigt wieder eine außerordentlich gute Übereinstimmung. Wir können daraus schließen, daß unsere Modellbetrachtungen, die im wesentlichen davon ausgingen, daß das Phänomen auf reinen Zufälligkeiten beruht, vernünftig sind. Oder etwas vorsichtiger: wir haben keinen Grund, unsere Modellannahmen zu verwerfen.

An dieser Stelle sollten wir darauf hinweisen, daß obige Daten in Wirklichkeit von 10 und nicht 200 Armeekorps stammen, die aber über einen Zeitraum von 20 Jahren beobachtet wurden (von 1875 bis 1894). In einer genaueren statistischen Analyse sollte man diese Datenstruktur sicher zum Ausdruck bringen.

In diesem Buch „wimmelt" es von Poissonverteilungen, und der eine oder andere Leser könnte vielleicht den Eindruck bekommen, daß alle Verteilungen in natürlicher Weise mit der Poissonverteilung zusammenhängen, so daß man diese als die wichtigste ansehen müßte. Hier soll nicht entschieden werden, welches die wichtigste Verteilung ist; die Sonderstellung der Poissonverteilung in diesem Buch beruht ganz einfach auf der thematischen Vorgabe. Wir sollten an dieser Stelle noch erwähnen, daß auch die sog. *Normalverteilung* (auf die wir nicht näher eingehen) in gewissen Situationen, nämlich für „große" Werte $np(1 - p)$, zur Approximation der Binomialverteilung herangezogen werden kann. Daraus folgt, daß für große λ die Normalverteilung auch zur Approximation der Poissonverteilung verwendbar ist; vgl. etwa Feller [10], Band I.

15

Räumliche Gleichverteilung, Punktprozesse

Eine häufig zu Poissonverteilungen führende Situation ist die sogenannte „räumliche Gleichverteilung von Teilchen". Man geht von der Vorstellung aus, daß die Partikel gleichmäßig, aber zufällig über einen räumlichen Bereich streuen. Meistens denkt man dabei an den üblichen dreidimensionalen Raum oder den zweidimensionalen, d. h. die Ebene. Im übrigen ist auch eine Gerade (der eindimensionale Raum) oder ein höher dimensionaler Raum vorstellbar.

Wir wollen ein konkretes Beispiel zur Illustration der Phänomene benutzen, die dabei eine Rolle spielen. Das Beispiel stammt aus einer Abhandlung aus dem Jahre 1907, der Verfasser heißt „Student" (ein Pseudonym für William S. Gosset). Es handelt sich um das Zählen von Hefezellen mit einem Hämocytometer, wo sich ein Tropfen mit Hefezellen gleichmäßig in einer dünnen Schicht zwischen zwei Objektträgern ausbreitet. Einer der Objektträger ist in eine große Zahl von Quadraten eingeteilt, so daß sich die Anzahl der Hefezellen in jedem einzelnen Quadrat ermitteln läßt.

Sei N die Anzahl der Quadrate (in Students Fall war N = 400). Wir fassen die Zahl der Hefezellen in jedem Quadrat als eine Zufallsvariable auf. Die auf das i-te Quadrat entfallende Anzahl bezeichnen wir mit X_i, i = 1, 2, 3, ..., N.

Wir wollen die stochastische Natur der X_1, ..., X_N festlegen, und das bedeutet, daß wir für jede endliche Folge n_1, n_2, ..., n_N von nichtnegativen ganzen Zahlen die Wahrscheinlichkeit

$$P(X_1 = n_1, X_2 = n_2, ..., X_N = n_N) \tag{38}$$

bestimmen. Insbesondere müssen wir die Verteilung der einzelnen Zufallsvariablen X_1, ..., X_N kennen.

Unsere Modellannahme besagt in salopper Formulierung, daß die Partikel gleichmäßig und zufällig verteilt sind. Wenn wir ein Modell gefunden haben, können wir die Beobachtungen dazu in Beziehung bringen und auf diese

Weise prüfen, ob unsere Annahmen vernünftig sind; trifft dies zu, so lassen sich aus den Beobachtungen wichtige Modellparameter schätzen.

Zunächst scheint die Annahme angemessen, daß X_1, X_2, ..., X_N unabhängig sind (vgl. die Diskussion weiter unten). Akzeptiert man das, so ist zur Berechnung der Wahrscheinlichkeiten [Gl. (38)] nur die Kenntnis der Verteilungen der einzelnen X_i notwendig.

Als unabweisbare Konsequenz der Annahme, daß die Partikel gleichmäßig verteilt sind und alle Quadrate gleiche Fläche haben, ergibt sich dieselbe Verteilung für alle X_i. Auf mindestens drei verschiedenen Wegen läßt sich nun unser Ziel erreichen.

Der Weg, den wir zuerst verfolgen wollen, geht davon aus, daß die Gesamtzahl der Hefezellen in den N Quadraten eine feste Zahl M ist. Eine leicht einsehbare Argumentation zeigt, daß X_1 dann binomialverteilt ist mit den Parametern M, 1/N. Wir können uns nämlich X_1 als eine Summe von M unabhängigen Zählvariablen, jede mit der Erfolgswahrscheinlichkeit 1/N, entstanden denken; die k-te Zählvariable habe dabei den Wert 1 genau dann, wenn die k-te Hefezelle in das erste Quadrat fällt (k = 1, 2, 3, ..., M). Sind die Voraussetzungen für eine Anwendung der Poisson-Approximation erfüllt, und das ist bei Phänomenen dieser Art oft der Fall, bekommen wir als Modell, daß X_1, X_2, ..., X_N alle poissonverteilt sind mit dem Parameter M/N.

Kombiniert man dieses Resultat mit der Unabhängigkeit der X_i, erhält man ein vollständiges Modell. An dieser Stelle erhebt sich aber ein wesentlicher Einwand: Die X_i können unmöglich unabhängig sein, da $X_1 + X_2 + ... + X_N = M$. Zum Beispiel ist

$$0 = P(X_1 = 0, X_2 = 0, ..., X_N = 0)$$
$$\neq P(X_1 = 0) \cdot P(X_2 = 0) \cdot ... \cdot P(X_N = 0) = e^{-M}.$$

Hierbei ist zu bemerken, daß, selbst wenn die X_i nicht exakt unabhängig sind, sie dennoch in gewissem Sinne approximativ unabhängig sein können. Das mag nicht besonders überzeugend klingen; wir wenden uns jetzt einer alternativen Betrachtungsweise zu.

Neu in unseren Überlegungen ist, daß wir die Gesamtzahl M der Hefezellen nicht länger als eine feste Zahl, sondern auch als Zufallsvariable auffassen. Das ist eine realistische Annahme, denn wenn wir unsere Beobachtungen an einem anderen Tropfen mit Hefezellen vornehmen, können wir natürlich nicht sicher sein, daß die Gesamtzahl der Hefezellen in den N Quadraten dieselbe ist wie zuvor.

Wir nehmen außerdem an, daß die bedingte Verteilung der einzelnen X_i, gegeben daß M einen bestimmten Wert M_0 annimmt, eine Binomialverteilung mit den Paramtern M_0, $1/N$ ist. Schließlich fehlt uns noch eine Annahme über die Verteilung von M. Nach dem vorausgegangenen wird der Leser vielleicht die Annahme akzeptieren, daß M poissonverteilt ist. Es läßt sich dann zeigen, daß die X_i ebenfalls poissonverteilt sind (siehe Übung 27).

Die vorstehende Herleitung ist auch nicht ganz zufriedenstellend, insofern als die Verteilungsannahme für M recht unmotiviert erscheint. Der letzte Weg, den wir vorschlagen, wird dem Leser hoffentlich überzeugender vorkommen.

Wir gehen nun von der Annahme aus, daß wir *jedem* Teilgebiet des Objektträgers eine Zufallsvariable zuordnen können, die die Anzahl der Hefezellen in diesem Gebiet angibt. Wir suchen also ein wesentlich feineres stochastisches Modell, indem wir eine ganze Familie $X(\Delta)$, $\Delta \subseteq G$, von Zufallsvariablen charakterisieren, wobei Δ alle Teilmengen des Objektivglases G durchläuft (Bild 7).

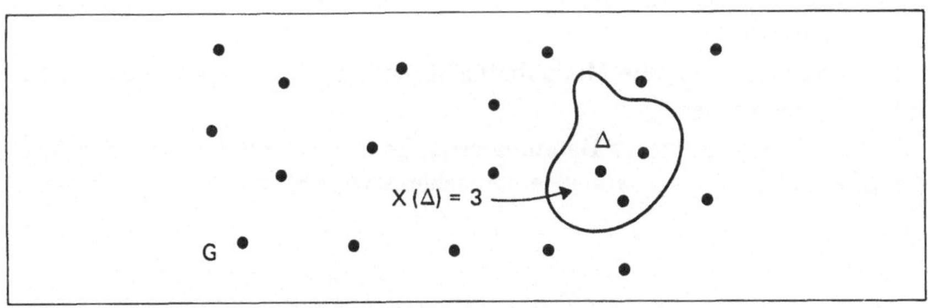

Bild 7 Objektträger mit einem Teilgebiet, das drei Hefezellen enthält

Unsere Vorstellungen über die Verteilung der Hefezellen lassen uns folgende Annahmen aufstellen:

B_1: Bei gleicher Fläche von Δ_1 und Δ_2 ist die Verteilung von $X(\Delta_1)$ dieselbe wie die von $X(\Delta_2)$.

B_2: Sind Δ_1 und Δ_2 disjunkt, so sind $X(\Delta_1)$ und $X(\Delta_2)$ unabhängig, und es gilt $X(\Delta_1 \cup \Delta_2) = X(\Delta_1) + X(\Delta_2)$.

Wollen wir jetzt die Verteilung von $X(\Delta)$ für ein Quadrat Δ finden, so können wir Δ weiter in kleinere Quadrate $\Delta_1, \Delta_2, ..., \Delta_\nu$ unterteilen und die Beziehung $X(\Delta) = X(\Delta_1) + ... + X(\Delta_\nu)$ verwenden. Nun erkennen wir die

Überlegungen wieder, die zu der Erweiterung von Satz 1 führten! Auf nähere Details wollen wir deshalb nicht weiter eingehen, sondern als Ergebnis mitteilen, daß sich unter einer zusätzlichen Regularitätsannahme das folgende Resultat beweisen läßt:

B_3: Es gibt eine Konstante $\lambda \geqslant 0$, so daß $X(\Delta)$ poissonverteilt ist mit dem Parameter $\lambda \cdot |\Delta|$, wobei $|\Delta|$ die Fläche von Δ bedeutet.

Durch die Eigenschaften B_1, B_2 und B_3 sind die stochastischen Beziehungen der $X(\Delta)$ festgelegt; wir nennen $\{X(\Delta)|\Delta \subseteq G\}$ in diesem Fall einen *Poissonprozeß mit Intensität* λ *über dem Gebiet* G. Die Intensität ist also die durchschnittliche Anzahl der Partikel pro Flächeneinheit.

Wir stellen fest, daß die drei Betrachtungsweisen alle zum gleichen Modell für die Beobachtungen der Hefezellen führten: die Zufallsvariablen, die die Anzahlen der Hefezellen in den einzelnen Quadraten beschreiben, sind unabhängig und poissonverteilt. Der Parameter dieser Poissonverteilung ist mittels der beobachteten durchschnittlichen Anzahl der Hefezellen pro Quadrat schätzbar.

Natürlich wird man die Modellbetrachtungen mit den beobachteten Daten zu bekräftigen suchen.

Tabelle 5 zeigt Students Datenmaterial. Es besteht aus vier Beobachtungsreihen, deren jede dem Modell entsprechend zu 400 unabhängigen poisson-

Tabelle 5

k	I beob.	I erw.	II beob.	II erw.	III beob.	III erw.	IV beob.	IV erw.
0	213	202.1	103	106.6	75	66.1	0	3.7
1	128	138.0	143	141.0	103	119.0	20	17.4
2	37	47.1	98	93.2	121	107.1	43	40.6
3	18	10.7	42	41.1	54	64.3	53	63.4
4	3	1.8	8	13.6	30	28.9	86	74.2
5	1	$(\geq)$ 0.3	4	3.6	13	10.4	70	69.4
6			2	$(\geq)$ 1.0	2	3.1	54	54.2
7					1	0.8	37	36.2
8					0	0.2	18	21.2
9					1	$(\geq)$ 0.0	10	11.0
10							5	5.2
11							2	2.2
12							2	$(\geq)$ 1.3

verteilten Zufallsgrößen gehört. Die jeweiligen Parameterschätzungen lauten 0,6825; 1,3225; 1,80 und 4,68. Die unter der Modellannahme erwartete Anzahl von Quadraten, die genau k Hefezellen enthalten, läßt sich nun berechnen. Auch diese Zahlen sind in Tabelle 5 aufgeführt. Zu bemerken ist noch, daß die zuletzt angegebene erwartete Zahl für jede Beobachtungsreihe dem Ergebnis „k oder mehr" entspricht.

Sollte der Leser zu den Leuten gehören, die erst dann vom Wert theoretischer Überlegungen ganz überzeugt sind, wenn sie die Theorie auf eigene Versuche angewendet haben, so können wir ihm folgenden Vorschlag machen: Man werfe kleine Partikel (Sesamsamen, Sandkörner oder dgl.) auf eine passende Fläche, etwa eine Tischplatte. Man teile diese Fläche in viele gleich große Teile auf, stelle die Anzahl der Partikel in jedem dieser Teile fest und konfrontiere diese Zahlen mit der Theorie, ganz so wie Student mit seinen Messungen verfuhr. Ein leicht und schnell durchzuführender Versuch!

16

Eine genauere Analyse tatsächlicher Beobachtungen

Das Hauptanliegen dieses Abschnitts ist eine Analyse der Daten eines Versuchs mit einer radioaktiven Quelle, zu dessen Ausführung die Normalausstattung der meisten Gymnasien ausreicht. Die auf viele sicher überraschend lang wirkende Analyse besteht aus mehreren Teilen. Zunächst wird ein konkreter Versuch beschrieben, für den dann ein mathematisches Modell aufgestellt und getestet wird. Es zeigt sich, daß dieses Modell unbrauchbar ist. Ein abgewandeltes Modell, in dem die Versuchsanlage Berücksichtigung findet, erweist sich hingegen als brauchbar.

Bei dieser Gelegenheit wollen wir auch einige generelle statistische Betrachtungen anführen, deren Ausgangspunkt die vorliegenden Versuchsergebnisse darstellen. Wird dieses Buch innerhalb des Physikunterrichts verwendet, ist es natürlich naheliegend, die *eigenen* Daten entsprechend aufzubereiten. Man muß sich keinesfalls streng an die hier vorgestellte Vorgehensweise halten; auch auf die statistische Anlayse kann man ein mehr oder minder großes Gewicht legen, und die Modellbetrachtungen lassen sich ebenfalls mehr oder weniger vertiefen.

Es gibt also einen gewissen Spielraum in der Behandlungsmethode, in der auch persönlicher Geschmack zum Ausdruck kommen kann. Die zur Verfügung stehenden technischen Hilfsmittel werden jedoch stets die Entfaltungsmöglichkeiten begrenzen. Für gewisse Untersuchungen ist beispielsweise der Zugang zu einem programmierbaren Rechner erforderlich.

In Tabelle 6 sind einige Beobachtungsergebnisse wiedergegeben. Von den radioaktiven Quellen, die die dänische Atomenergiekommission Risø in Zusammenarbeit mit dem Verein der Physik- und Chemielehrer an dänischen Gymnasien eigens für Unterrichtszwecke hergestellt hat, wurde die β-aktive

Tabelle 6 Versuchsprotokoll

Ausführender: Malte Olsen, Physikalisches Laboratorium I der Universität Kopenhagen

Datum: im Juni 1981

Zähler: Geiger-Müller, ca. 10 Jahre alt
Fabrikat und Typenbezeichnung: 20″ Century Electronics B 6 HL.
Spannung: 640 V. Totzeit des neuen Gerätes laut Hersteller: 100 μs
(= 0,0001 s).

Hintergrund: 1942 Zählungen in 13 Minuten, d. h. ca. $2\frac{1}{2}$ pro Sekunde

Messungen: Es wurden zwei β-Quellen von RISØ benutzt. Zwei Versuche wurden ausgeführt. In jedem Versuch und in jeder Kombination der Quellen wurden drei Zählungen über 10 Sekunden vorgenommen.

	Versuch I			Versuch II		
Quelle 1	3810	3866	3834	3013	3059	3027
Quelle 1 + 2	4469	4459	4439	3852	3857	3870
Quelle 2	3722	3731	3706	2931	2952	2986

Hauptversuch: 249 Zählungen an einer β-Quelle von RISØ. Zeitintervall 1 Sekunde.

81	75	83	78	79	60	75	77	60	71	90
85	72	73	80	66	81	73	76	79	81	72
79	82	75	75	79	75	79	69	83	78	71
75	74	77	74	73	80	83	74	68	76	72
73	73	80	84	76	63	74	84	75	76	80
70	72	76	74	75	73	72	61	78	76	78
77	78	83	65	74	72	74	71	83	78	82
86	72	67	68	81	65	78	90	67	68	80
68	70	67	69	79	71	69	82	74	88	75
69	67	82	70	78	75	82	81	76	74	67
63	70	78	80	90	68	69	75	71	78	78
66	78	74	68	73	74	75	66	74	69	70
81	84	78	63	89	70	79	94	89	75	73
71	62	72	83	78	100	77	82	76	69	80
72	77	82	77	81	74	68	77	79	77	75
64	70	73	66	72	69	86	73	63	75	85
69	83	71	72	79	75	83	82	69	73	83
76	68	94	76	82	74	77	81	74	78	77
68	72	79	74	85	72	71	86	88	84	81
85	80	76	72	71	72	75	72	82	77	
74	84	65	65	69	67	71	64	76	77	
72	75	77	74	76	76	94	77	81	85	
78	73	73	75	60	70	88	82	74	71	

Quelle verwendet. Die Produktion von β-Partikeln geschieht bei den folgenden Prozessen, einem *Mutterprozeß* und einem *Tochterprozeß*:

$$^{90}_{38}\text{SR} \rightarrow {}^{90}_{39}\text{Y} + {}^{0}_{-1}\text{e} \quad \text{(Mutterprozeß; Halbwertzeit 28 Jahre)}$$

$$\rightarrow {}^{90}_{40}\text{Zr} + {}^{0}_{-1}\text{e} \quad \text{(Tochterprozeß; Halbwertzeit 64 Stunden)}.$$

Hätten wir nur einen Prozeß (mit einer im Verhältnis zur Beobachtungszeit großen Halbwertzeit), wären wir natürlich unmittelbar von einem Poissonmodell ausgegangen, d. h. von einem Poissonprozeß, dessen „Ereignisse" gerade die Aussendungen von β-Partikeln darstellten. Dasselbe gilt aber auch, wenn wir berücksichtigen, daß hier ein Mutter- und ein Tochterprozeß zusammenwirken! Der Grund dafür liegt nun nicht darin, daß nur wenige β-Partikel vom Tochterprozeß stammen. In der Tat kommt etwa die Hälfte der Partikel daher (man ziehe Übung 40 zu Hilfe!). Wesentlich ist, daß der Prozeß als Superposition zweier unabhängiger Poissonprozesse aufgefaßt werden kann, und damit (vgl. Kapitel 12 und Übung 25) selbst ein Poissonprozeß ist. Zum Teil liegt das daran, daß die Versuchszeit von ca. 5 Minuten viel kleiner als die Halbwertszeiten des Mutter- und Tochterprozesses ist; daß keine Abhängigkeit vorliegt, hat aber auch damit zu tun, daß die Halbwertzeit des Tochterprozesses hinreichend groß ist (eine sehr kleine Halbwertzeit des Tochterprozesses würde zu starker Abhängigkeit führen, da jedes zerfallende Teilchen des Mutterprozesses einen unmittelbaren weiteren Zerfall beim Tochterprozeß nach sich ziehen würde).

Man sollte erwähnen, daß die obigen Betrachtungen eigentlich für die ganze Quelle gelten, da aufgrund der Anlage und Konstruktion des die Quelle einschließenden Rohres nur eine kleinere Zahl der gebildeten β-Partikel in die Zählerkammer gelangen. Auf diese Weise hat jedes β-Partikel eine gewisse Wahrscheinlichkeit, den Zähler zu erreichen. Dennoch bleibt es bei einem Poissonprozeß, natürlich mit verminderter Intensität (siehe Kapitel 12 und Übung 24).

Zur Illustration des obigen sei angeführt, daß während des Versuches (von ca. 5 Minuten Dauer) etwa 0,2 von 10^6 Sr-Atomen und eines von tausend Y-Atomen verwandelt wird.

Fühlt man sich unsicher angesichts der Frage, ob die genannten zwei Prozesse den „Poisson-Charakter" zerstören, hat man die Möglichkeit, in eigenen Versuchen die niederenergetischen β-Partikel vom Mutterprozeß wegzufiltern. Das ist aber nicht unproblematisch, da zu starke Filter zu einer störenden Bremsstrahlung führen; darüber hinaus hat man zu berücksichtigen, daß β-Partikel keine wohldefinierten Energien besitzen, sondern ein kontinuierliches Energiespektrum aufweisen (was bekanntlich damit zusammenhängt, daß gleichzeitig mit einem β-Partikel ein Neutrino ausgesendet wird; das läßt sich mit der üblichen Ausstattung nicht registrieren und stellt somit keine weitere Komplikation dar).

Man könnte auch versuchen, das Problem ganz zu umgehen und stattdessen die α-aktive der Risø-Quellen zu verwenden, deren Prozeß so aussieht:

$$^{241}_{95}\text{Am} \rightarrow {}^{237}_{93}\text{Np} + {}^{4}_{2}\text{He} \quad \text{(Halbwertzeit 470 Jahre)}.$$

Aber bei diesem Prozeß entsteht leider eine schwache γ-Folgestrahlung, und ein skeptischer Geist wird auch hier Bedarf für genauere Überlegungen anmelden.

Es ist einfach nicht so leicht, einen Versuchsaufbau zu finden, bei dem das mit soviel Mühle aufgestellte Poissonmodell ohne Zögern als das genau passende angesehen werden kann!

These 22: Die Suche nach einem Phänomen, das exakt einem gegebenen mathematischen Modell folgt, ist meistens vergeblich.

Man vergleiche hierzu die These 20.

Wir wollen das Resultat der obigen Diskussion zusammenfassen: Selbst wenn man sich idealere Versuchsbedingungen vorstellen könnte, muß man doch sagen, daß die Störfaktoren, auf die wir hingewiesen haben, nur eine ganz geringe Rolle spielen. Wir erwarten deshalb, daß der Prozeß $N(t))_{t \geq 0}$ mit $N(t)$ als Anzahl der im Zeitintervall $]0, t]$ beim Zähler eingetroffenen β-Partikel sehr genau als Poissonprozeß betrachtet werden kann (jedenfalls für $t \leq 5$ Minuten, die ungefähre Versuchsdauer). Infolgedessen erwarten wir, daß sich die vorliegenden 249 Beobachtungsergebnisse mit großer Genauigkeit als unabhängige poissonverteilte Beobachtungen auffassen lassen.

Wir wollen noch etwas bei unseren Modellbetrachtungen bleiben und uns darüber klar werden, welche Vorstellungen wir mit unserem Versuch unterstützen bzw. entkräften wollen. Unsere Erwartungen an den Prozeß $(N(t))_{t \geq 0}$ rühren daher, wie weiter oben bereits angedeutet, daß wir damit rechnen, daß der Prozeß $(N_g(t))_{t \geq 0}$ ein Poissonprozeß ist, wobei $N_g(t)$ die Gesamtzahl der von der Quelle in $]0, t]$ emittierten β-Partikel darstellt. Denken wir zurück an unsere gründliche Diskussion des Poissonprozesses (und hier weisen wir auch auf die Ergebnisse der Übungen 16, 24 und 25 hin), so erkennen wir als den wesentlichsten Grund für diese Erwartungen die Vorstellung, daß radioaktive Kernumwandlungen *spontan* geschehen. Anders ausgedrückt, diese Umwandlungen sind, wie wir glauben, nichtdeterministisch, prinzipiell stochastisch.

Ziel unseres Versuches ist also, zu untersuchen, ob die Vorstellung spontaner Kernumwandlungen richtig ist. Einen vollständigen „Beweis" können wir selbstverständlich nicht erwarten. Wir können auch nicht direkt einen ganzen Poissonprozeß untersuchen. Stattdessen fiel unsere Wahl auf eine große Zahl von Beobachtungen über gleichlange, sich nicht überlappende Zeitintervalle. Wenn wir feststellen, daß sich die gefundenen Daten wie unabhängige Beobachtungen aus einer Poissonverteilung verhalten, werden wir das als Indiz dafür ansehen, daß unsere Modellbetrachtungen zutreffend sind.

Wenden wir uns nun dem vorliegenden Zahlenmaterial zu. Mit der in Übung 17 eingeführten Terminologie können wir sagen, daß eine *Stichprobe* des Umfangs 249 vorliegt und daß wir vermuten, daß die Stichprobe einer Poissonverteilung entstammt. Diese Vermutung ist zu prüfen – eine typische Aufgabe der Statistik.

These 23: Ziel einer statistischen Untersuchung ist es, aus vorliegenden Beobachtungsergebnissen eines stochastischen Phänomens Schlüsse über das zugrundeliegende Modell zu ziehen.

Man muß sich vor Augen halten, daß der Ausgangspunkt einer statistischen Analyse aus faktischen Beobachtungen und damit einer *endlichen* Zahlenmenge besteht. Normalerweise kann man daher nicht erwarten, *definitive* Schlüsse ziehen zu können.

These 24: Statistische Untersuchungen führen zu Entscheidungen, die unter Unsicherheit getroffen sind.

Eine besonders wichtige statistische Aufgabe liegt dann vor, wenn auf der Basis einer Stichprobe entschieden werden soll, welche Verteilung dieser Stichprobe zugrundeliegt. Wir wollen uns jetzt die aktuelle Stichprobe etwas näher ansehen. Zunächst werden wir einmal das Zahlenmaterial auf eine bequemere und überschaubare Weise darstellen.

Eine naheliegende Möglichkeit besteht darin, die Zahlen in einer Strichliste darzustellen, im wesentlichen das gleiche wie ein Histogramm (man drehe Tabelle 7 um $90°$ gegen den Uhrzeigersinn).

Aus diesem Diagramm sind die Anzahlen N_k der Versuche mit k beobachteten β-Partikeln direkt abzulesen. Da diese Zahlen N_k im Gegensatz zu Rutherford und Geigers Ergebnissen verhältnismäßig klein sind, gibt die Strichliste – bzw. ein Histogramm – vielleicht die Schwankungen der Zahlen nicht besonders deutlich wieder. Besser geeignet ist dafür die sog. *empirische Verteilungsfunktion;* was darunter zu verstehen ist, geht aus Bild 8 hervor (durchgezogene Kurve). Wenn man beispielsweise den zu 77 gehörigen Funktionswert 160 abliest, so bedeutet das, daß in 160 von den insgesamt 249 Versuchen 77 oder weniger β-Teilchen beobachtet wurden. Der Wert der empirischen Verteilungsfunktion entsteht durch Normierung; an der Stelle 77 etwa ergibt sich $160/249 \simeq 0{,}64$ (vgl. die in Klammern angeführte Skala). Durch diese Normierung ist die empirische Verteilungsfunktion tatsächlich eine Verteilungsfunktion. Die zugehörige Verteilung heißt entsprechend *empirische Verteilung.* Die Werte der empirischen Verteilungsfunktion werden auch oft *akkumulierte* (relative) *Häufigkeiten* genannt.

Mit U und V bezeichnen wir wie in Kapitel 10 die Anzahl der Zeitintervalle bzw. die Gesamtzahl der beobachteten Zerfälle. Ferner sei

$$T = \text{Länge der Zeitintervalle}$$

und

$$\lambda_{\text{reg}} = \frac{V}{UT} \tag{39}$$

die *registrierte Intensität,* d. h. die Anzahl der Zerfälle pro Zeiteinheit.

Für die aktuellen Daten ist

$$T = 1 \text{ s}, \quad U = 249, \quad V = 18801, \lambda_{\text{reg}} = 75{,}5$$

(λ_{reg} hat die Einheit s^{-1}).

Wir wollen die empirische Verteilung und die Poissonverteilung mit dem Parameter λ_{reg} vergleichen. Aus Übung 17 wissen wir, daß λ_{reg} in gewissem Sinne den vernünftigsten Wert für diesen Parameter darstellt, insofern als λ_{reg} die *Maximum-likelihood-Schätzung* dieses Parameters ist. Mit anderen Worten: wenn wir für verschiedene Werte von λ die Wahrscheinlichkeit berechnen, mit der bei Vorliegen einer Poissonverteilung des Parameters λ die vorliegende Stichprobe entsteht, so ist diese Wahrscheinlichkeit für $\lambda = \lambda_{\text{reg}}$ am größten.

Die Verteilungsfunktion der Poissonverteilung mit Parameter λ_{reg} ist ebenfalls in Bild 8 dargestellt (gepunktete Kurve). Daraus geht etwa hervor, daß in 149 der 249 Versuche zu erwarten ist, daß höchstens 77 β-Partikel vorkommen, wenn unsere Stichprobe einer Poissonverteilung mit Parameter λ_{reg} entstammt. Das folgt aus dem Gesetz der großen Zahlen.

Da diese Poissonverteilung offensichtlich deutlich von der empirischen Verteilung abweicht, müssen wir schließen, daß das Poissonmodell nicht paßt.

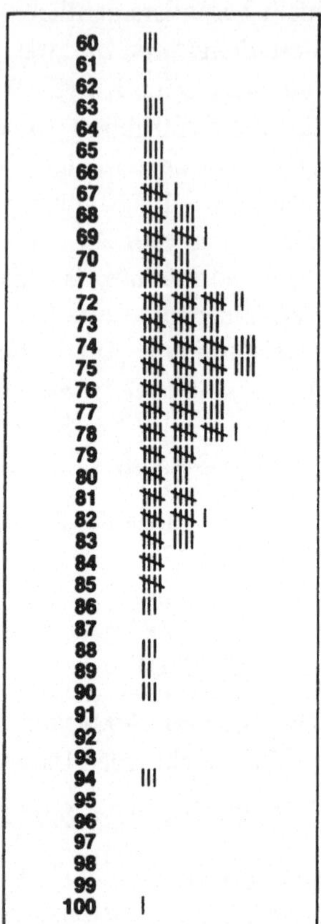

Bild 8

Approximation der empirischen Verteilungsfunktion (schwarze durchgezogene Linie) durch
eine Poissonverteilung (graue Linie)

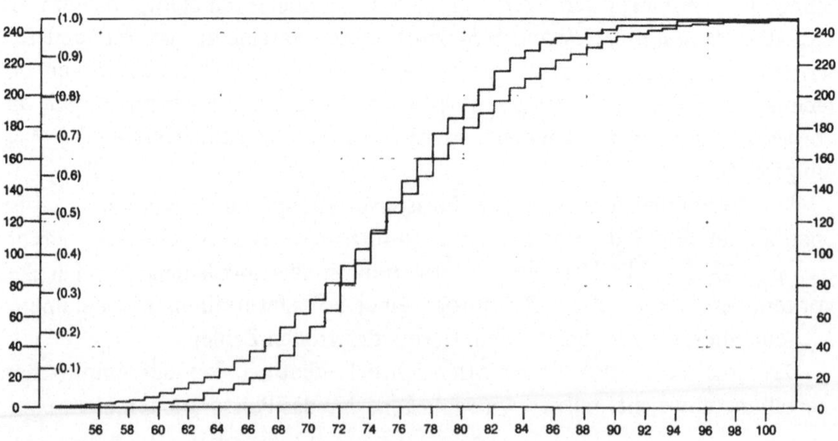

Es gibt keine Möglichkeit, die Vermutung einer zugrundeliegenden Poissonverteilung aufrechtzuerhalten. Irgendwie paßt es zwar schon, aber die Abweichungen deuten auf einen *systematischen* Fehler hin, weil die Poissonverteilungsfunktion für kleine Zahlen klar über der empirischen Verteilungsfunktion liegt und für große Zahlen darunter.

Es gibt also keinen Grund, verwickelte statistische Untersuchungen anzustellen, um zu sehen, daß das Modell nicht paßt — es genügt, einen Blick auf die zwei Verteilungsfunktionen in Bild 8 zu werfen.

These 25: Statistik ist eine Hilfe und kein Ersatz für gesunden Menschenverstand.

Mit der gründlichen Diskussion in Kapitel 12 sind wir darauf vorbereitet, in eine Situation wie hier zu geraten, wo ein Modell zu verwerfen ist. Wir wissen aber auch, wo man einzusetzen hat, um weiterzukommen. Wir werden unsere Betrachtungen verfeinern und die Totzeit des Zählers (und der gesamten zugehörigen Elektronik) in Rechnung stellen.

Ausgangspunkt für ein Modell, das diese Totzeit berücksichtigt, ist wiederum die Grundannahme, daß $(N(t))_{t \geq 0}$ ein Poissonprozeß mit (unbekannter) Intensität λ ist. Während also $N(t)$ die Anzahl aller β-Teilchen ist, die bis zur Zeit t zum Zähler gelangen, bezeichne $N_{reg}(t)$ die Zahl der bis t tatsächlich registrierten β-Partikel. Wahrscheinlichkeiten, die unter der Voraussetzung einer Totzeit h und einer Intensität λ berechnet werden, bezeichnen wir mit $P_{\lambda,h}$.

Es gilt folgende Beziehung, die in Übung 27 bewiesen wird:

$$P_{\lambda,h}(N_{reg}(t) \leq n) = e^{-\lambda(t-nh)} \sum_{k=0}^{n} \frac{(\lambda(t-nh))^k}{k!}, \tag{40}$$

vorausgesetzt, daß $nh < t$.

Bei festem λ, h und t definiert Gl. (40) eine Verteilungsfunktion und damit eine gewisse Verteilung, die wir *modifizierte Poissonverteilung* nennen wollen.

Das neue Modell geht also wie das alte davon aus, daß $N(t))_{t \geq 0}$ ein Poissonprozeß ist, aber im Gegensatz zum alten Modell wird die Totzeit jetzt berücksichtigt. Wir erwarten nunmehr, daß die vorliegende Stichprobe einer modifizierten Poissonverteilung mit den Parametern λ (= Intensität von $(N(t))_{t \geq 0}$), h (= Totzeit) und T (= Länge der Zeitintervalle) genügt. Da T bekannt ist (= 1 s), lassen sich die zugehörigen akkumulierten Wahrscheinlichkeiten berechnen (auf einem programmierbaren Rechner, siehe P 4), sobald λ

und h bekannt sind. Man bemerke im übrigen, daß sich für h = 0 die üblichen akkumulierten Poisson-Wahrscheinlichkeiten ergeben.

Eine wesentliche Aufgabe besteht nun darin, aufgrund der Beobachtungswerte λ und h zu bestimmen, oder vielmehr gute *Schätzungen* dieser Größen zu finden. Diese Aufgabe läßt sich auf vielerlei Weise in Angriff nehmen. Wir wollen zunächst sehen, zu welchem Ergebnis die Maximum-likelihood-Methode führt. Das Vorgehen ist leicht zu verstehen, der Gedankengang ist genau der gleiche wie in Übung 17, wo ein einzelner Parameter zu schätzen ist. Rechentechnisch wird es zwar um einiges komplizierter, aber dafür haben wir ja unsere Computer!

Die Likelihood-Funktion $L(\lambda, h)$ ist jetzt eine Funktion der beiden Parameter λ und h, und zwar ist sie das Produkt der Größen

$$[P(N_{reg}(T) = k)]^{N_k}$$

über alle möglichen Werte von k. Für den vorliegenden Datensatz durchläuft k also die ganzen Zahlen von 60 bis 100. Diese Funktion soll maximiert werden. Im Prinzip könnte man ein passendes Programm zur Berechnung von $L(\lambda, h)$ schreiben, oder besser $-\log L(\lambda, h)$ berechnen, und sich damit an das Optimum herantasten. Aber damit stehen wir vor einer Aufgabe, die zu umfangreich ist, um auf Computern, wie sie uns zur Verfügung stehen, durchgeführt zu werden.

Wir fragen uns deshalb, ob wir nicht in einer ähnlich günstigen Situation sind wie bei Übung 17, wo die Optimierungsaufgabe eine explizite Lösung zuläßt. Mit anderen Worten fragen wir, ob es Formeln gibt, die die Maximum-likelihood-Schätzer für λ und h direkt durch die beobachteten Größen (die Zahlen N_k und T) ausdrücken. Die Antwort lautet: „Nein — aber beinahe!". Man kann zeigen, daß die gesuchten Werte von λ und h sehr dicht bei den Lösungen der folgenden zwei Gleichungen liegen:

$$\lambda = \left(\frac{1}{\lambda_{reg}} - h \right)^{-1} \tag{41}$$

$$\sum_k \frac{k(k-1)\,N_k}{T - kh} = \lambda \sum_k kN_k \ (= \lambda\, V). \tag{42}$$

In Gl. (41) erkennen wir Formel (51) aus Übung 35 wieder. Diese leicht zu verstehende Formel reduziert die Anzahl der Variablen im vorliegenden Optimierungsproblem von zwei auf eins.

Ich werde nicht versuchen, Gl. (42) näher zu erläutern. Dem Leser, der willens ist, sie ohne weitere Erklärung zu akzeptieren, kann ich empfehlen, sie zusammen mit Gl. (41) folgendermaßen zu gebrauchen: Man setze den Ausdruck für λ aus Gl. (41) in die rechte Seite von Gl. (42) ein. Für verschiedene Werte von h berechne man dann die Differenz der linken und rechten Seite in Gl. (42) und taste sich so an einen Wert von h heran, bei dem diese Differenz 0 ist oder jedenfalls so dicht bei 0, daß man zufrieden ist. Diesen h-Wert setze man dann in Gl. (41) ein, um λ zu finden. Mit Hilfe des Programmes P 3 (s. Anhang) geht das recht schnell. Zur Kontrolle, daß (λ, h) wirklich der gesuchte Maximum-likelihood-Schätzer ist (oder zumindest in dessen unmittelbarer Nähe liegt), berechne man $-\log L(\lambda, h)$ sowie auch $-\log L(\lambda_1, h_1)$ und $-\log L(\lambda_2, h_2)$, wobei h_1 etwas kleiner und h_2 etwas größer als h ist, und wobei λ_1 bzw. λ_2 aus Gl. (41) bestimmt werden. Nun sollte tunlichst $-\log L(\lambda, h)$ der kleinste dieser drei Werte sein. Um noch größere Sicherheit zu erlangen, sollte man noch jeden der drei λ-Werte etwas verringern bzw. vergrößern, und so sechs weitere Werte von $-\log L(\lambda, h)$ berechnen, die natürlich alle über dem Minimalwert liegen sollten. Diese Kontrolle kann mit Hilfe des Programms P5 geschehen. Wer ohne weiteres den Gl. (41) und (42) vertraut, kann die Kontrolle natürlich lassen. Führt man das oben genannte Programm aus, findet man

$$h = 0,00310 \, s = 3100 \, \mu s, \quad \lambda = 99 \, s^{-1}. \tag{43}$$

Damit ist unsere Untersuchung aber noch nicht zu Ende. Wir müssen noch überprüfen, ob die durch die Parameter in Gl. (43) bestimmte modifizierte Poissonverteilung das Beobachtungsmaterial besser beschreibt als die in Bild 8 dargestellte Poissonverteilung. Glücklicherweise trifft das zu! Nach dieser nun doch etwas langatmigen statistischen Analyse werden wir durch eine wirklich gute Übereinstimmung mit der empirischen Verteilungsfunktion belohnt, siehe Bild 9 (erstellt mit Hilfe des Programmes P 4).

Wir kommen zu dem Schluß, daß die Beobachtungen keinen Anlaß geben, unsere zentrale Annahme über die spontane, stochastische Natur des Phänomens in Frage zu stellen. Im Grunde ist es eigentlich verlockend, das Ergebnis dieser statistischen Analyse als eine deutliche Bekräftigung dieser These aufzufassen.

Man beachte, daß unsere modifizierten Modellbetrachtungen auch in ästhetischer Hinsicht zufriedenstellend sind. Das Modell ist klar zweigeteilt; der eine Teil behandelt den eigentlichen Untersuchungsgegenstand, der andere berücksichtigt die durch die Wahl der Untersuchungsmethode verursachten Störungen. Und von den zwei Parametern, mit denen wir arbeiten, ist wiederum der eine ausschließlich dem Gegenstand, der andere der Methode unserer Untersuchung zuzuordnen.

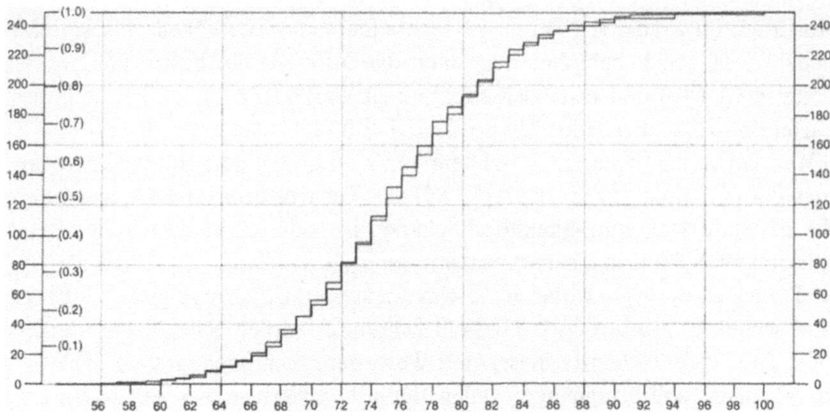

Bild 9 Approximation der empirischen Verteilungsfunktion (schwarze durchgezogene Linie) durch eine modifizierte Poissonverteilung (graue Linie)

Als wir in Bild 8 erkannten, daß das Poissonmodell unbrauchbar war, wäre es ein leichtes gewesen, einen „Ad-hoc-Parameter" einzuführen (der etwa die Steilheit der Verteilungsfunktion beschreibt) und dadurch das Modell so zu modifizieren, daß schließlich eine gute Übereinstimmung mit den Daten erreicht würde. Ein zentraler Punkt unserer Analyse ist hingegen, daß der eingeführte Extraparameter einen direkten Bezug zur Ausführung unseres Versuchs hat. Eine solche direkte und klare Interpretation der Parameter sollte man immer bei Modellbetrachtungen anstreben. Ebenso sollten verschiedene Parameter auch möglichst unterschiedlichen Aspekten des untersuchten Phänomens zuzuordnen sein; auf diese Weise läßt sich auch die Anzahl der Parameter begrenzen.

Bei manchen Modellen – und hier denke ich vor allem an gewisse Wirtschaftsmodelle und an Fischereimodelle – werden soviele Ad-hoc-Parameter eingeführt, daß die Modelle gewissermaßen „zum Erfolg verurteilt" sind – man muß lediglich die Parameter irgendwie an die beobchteten Daten anpassen. Solche Modelle können durchaus ihre Berechtigung haben, etwa beim Erstellen von Prognosen; man muß sich aber darüber im Klaren sein, daß diese Modelle zunächst einmal beschreibenden Charakter haben und nicht ohne weiteres zum eigentlichen Verständnis der zugrundeliegenden Mechanismen führen.

Bezüglich der zwei Parameter λ und h sei bemerkt, daß der genaue Wert von λ uns eigentlich gar nicht interessiert. Die Intensität λ hängt ja wesentlich vom Zähler ab und läßt keinen unmittelbaren Schluß auf die uns viel eher interessierende Intensität der radioaktiven Quelle zu. Um deren Wert zu ermitteln, wäre eine genauere Kenntnis der „Geometrie" der Versuchsanlage und einiger Materialkonstanten notwendig; die Strahlung wird nämlich beim Passieren von Luft, Glas und anderen Materialien schwächer (Dämpfung, siehe Übung 46).

Bezüglich der Quelle können wir festhalten, daß wir uns für den rein qualitativen Aspekt interessieren, nämlich die spontane Natur der Radioaktivität. Die Kenntnis des anderen Parameters h gibt uns hingegen ein wichtiges quantitatives Merkmal der Versuchsanlage.

Als wir das reine Poissonmodell aufgaben, entschieden wir uns, die Totzeit mit einzubeziehen. In der Tat ist das die einzige Möglichkeit, die große Abweichung vom Poissonmodell zu erklären – man beachte: erklären und nicht nur beschreiben –, und bei Daten der Art, wie sie uns hier vorliegen, kommt es häufig vor, daß man die Totzeit berücksichtigen muß. So wurde etwa ein scheinbar unnormales (nicht-spontanes) Verhalten bei Beobachtung kosmischer Strahlung auf diese Weise sehr zufriedenstellend erklärt.[8]

Rein qualitativ kann man es vorliegenden Daten leicht ansehen, ob eine beobachtete Abweichung vom Poissonmodell durch die Einführung der Totzeit erklärbar würde. Dies trifft zu, wenn die empirische und die Poisson-Verteilungsfunktion so verlaufen wie in Bild 8. Bei einer relativ zur mittleren Wartezeit (sehr) großen Totzeit nähert sich die Verteilungsfunktion für die Anzahl der registrierten Zerfälle mehr und mehr einer sehr steilen Funktion, die plötzlich von 0 auf 1 wächst (!).

Auch wenn unsere Untersuchungen zu einem schönen Resultat führten, dargestellt in Bild 9, gibt es noch immer Grund zur Kritik. Der von uns ermittelte h-Wert ist nämlich deutlich größer als erwartet ausgefallen. Der vom Hersteller der Versuchsanlage angegebene Wert betrug nur ca. 1/30 davon! Dazu ist folgendes zu sagen. Der angegebene Wert von 100 μs bezieht sich auf ideale Versuchsbedingungen, eine bestimmte Zerfallszahl und eine optimale Spannung. Gewiß strebt man es an, die Versuche unter diesen Bedingungen durchzuführen, aber bereits kleine Abweichungen können durchaus zu einer merklichen Erhöhung der Totzeit führen. Nur – ein Faktor von 30 läßt sich auf diese Weise nicht erklären.

---

[8] Siehe Levert und Scheen in *Physica X,* 1943, und evtl. Fellers Artikel im *Courant Anniversary Volume*, 1948.

Daß so große Abweichungen dennoch vorkommen können, kommt daher, daß sich die angegebene Totzeit auf ein fabrikneues Gerät bezieht, und daß die Totzeit im Laufe der Jahre deutlich ansteigt. Den Grund dafür können wir auch verstehen, wenn wir uns den Aufbau des Geiger-Müller-Zählers etwas näher ansehen. Wir bemerkten bereits, daß die Ursache für die Totzeit bei den entstehenden positiv geladenen Ionen zu suchen ist, die verhältnismäßig lange, ca. 10^{-4} s, brauchen, um zur Wand des Rohres zu gelangen. Vorher noch können sie die Bildung neuer Ionen „veranlassen", um damit die Totzeit zu verlängern. Um das zu verhindern, verwendet man ein spezielles Gas, meistens ein Halogen, welches die Energie der positiven Ionen aufnehmen kann und damit weitere Ionisierung unterbindet. Im Laufe der Zeit geht ein Teil dieses Halogens durch Diffusion in die Metallelektroden (evtl. auch durch das dünne Fenster des Rohres) verloren. Die dann mehr und mehr einsetzende unerwünschte Ionisierung führt zur Verlängerung der Totzeit.

Die Erfahrung zeigt, daß Totzeiten, die 10mal größer sind als angegeben, durchaus keine Seltenheit sind. Der von uns gefundene Faktor 30 ist allerdings zu groß und führte im übrigen dazu, daß das entsprechende Zählrohr ausgemustert wurde (eine genauere Überlegung zeigte, daß die gefundene Totzeit gerade derjenigen entsprach, die man zu erwarten hatte, wenn sich überhaupt kein Halogen mehr im Zählerrohr befand!).

Wir wollen auch eine einfache und gängige Methode beschreiben, die eine unabhängige Bestimmung der Totzeit erlaubt. Diese sog. *Zwei-Quellen-Methode* beruht wesentlich auf der Tatsache, daß die Totzeit eine umso größere Rolle spielt, je höher die Intensität ist. Wir verweisen auf Übung 35, wo die Methode genau behandelt wird. Wendet man sie auf die Daten der Tabelle 6 an, ergibt sich $h = 1850\,\mu s$ (im Versuch I mit der Quelle 1 bekommt man $h = 1851\,\mu s$ und im Versuch II $h = 1849\,\mu s$, es ist reiner Zufall, daß diese beiden Werte hier so dicht beieinander liegen).

Zusammenfassend können wir folgendes über derartige Versuche sagen: Man muß die Totzeit berücksichtigen. Die vom Hersteller angegebene Totzeit muß überprüft werden. Eine unabhängige Bestimmung der Totzeit mit der Zwei-Quellen-Methode sollte man immer vornehmen. Hat man hinreichend gute Rechner zur Verfügung, sollte man die Totzeit auch direkt aus den Beobachtungswerten mit Hilfe der Maximum-likelihood-Methode berechnen. Beide Bestimmungen sind oft recht ungenau und können zu beträchtlich voneinander abweichenden Werten führen. Eine Verbesserung des Wertes läßt sich bei der Zwei-Quellen-Methode dadurch erreichen, daß man die Intensität in die Größenordnung des Wertes beim Hauptversuch herabsetzt (dies unterblieb in unserem Versuch). Dabei spielt dann der Hintergrund eine größere Rolle;

die geringere Intensität bewirkt u. a., daß man bei der Zwei-Quellen-Methode längere Beobachtungszeiten in Kauf nehmen muß.

Mehr Beobachtungen im Hauptversuch lassen die mit der Maximum-likelihood-Methode ermittelte Totzeit ebenfalls genauer werden.

Bei zu wenigen Beobachtungen erhält man möglicherweise die Totzeit 0. Das kann natürlich daran liegen, daß man einen Zähler mit extrem niedriger Totzeit vor sich hat (ein ganz neues Gerät etwa, oder ein sehr schnell arbeitendes wie z. B. einen Feststoffzähler oder einen Photomultiplier), und dann ist auch nichts daran auszusetzen.

Die obigen, rein qualitativen Bemerkungen führen natürlich zu der Frage einer mehr quantitativen Versuchsplanung. Hierzu sei auf die Übungen 34 und 36 verwiesen, die aufzeigen, wie man durch geschickte Planung einerseits im Hauptversuch λ, andererseits bei den Zwei-Quellen-Messungen h bestimmen kann. Problematischer ist dabei der Hauptversuch; man sollte sich also tunlichst zunächst um eine möglichst genaue Bestimmung von h (mit Hilfe der Maximum-likelihood-Methode) kümmern.

Die Diskussionen dieses Paragraphen werden dem Leser hoffentlich bei der Planung eigener Versuche helfen. Der Hinweis auf den Nutzen einer ausführlicheren statistischen Analyse war ebenfalls beabsichtigt. Daß diese Analyse nicht erschöpfend ist, sollte klar geworden sein. Beispielsweise lassen sich aufgrund unserer Daten, deren Reihenfolge wir ja festgehalten haben, statistische Tests auf Unabhängigkeit durchführen. Wir wollen darauf jetzt nicht näher eingehen, werden aber im nächsten Paragraphen eine allgemeine statistische Methode von großer Reichweite kennenlernen.

Verlockend, und eigentlich ganz naheliegend, ist die folgende Schlußbemerkung zum klassischen Rutherford/Geiger-Versuch. Hier entfällt die Möglichkeit, die Totzeit mithilfe der Zwei-Quellen-Methode zu bestimmen, so daß unser besonderes Interesse der Maximum-likelihood-Methode gilt. Es war klar, daß die Totzeit in diesem Versuch eine Rolle spielte, und darauf wurde auch von Rutherford und Geiger hingewiesen. Es war so, daß das Auge nach jedem Registrieren eines Aufleuchtens auf dem Scintillationsschirm des Mikroskops eine gewisse Refraktärzeit benötigte, bis das nächste optische Signal wahrgenommen werden konnte. Ganz gewiß ist es hierbei vernünftiger, das Modell II in Kapitel 12 zur Modellierung der Totzeit zu verwenden, aber auch das mathematisch bei weitem einfachere Modell I kann gut und gerne als Näherung dienen. Rechnet man den Wert für h im Rutherford/Geiger-Versuch aus, ergibt sich h = 0,045 s, und das stimmt gut mit unserer Erwartung überein.

17

χ^2-Test auf Verteilungsgleichheit

Wir haben bereits mehrmals empirisch gewonnene Daten mit theoretischen Werten verglichen (Tabelle 1 und das dazugehörende Bild 4, die Tabellen 3, 4 und 5, die Bilder 8 und 9). Jedesmal geschah dieser Vergleich sozusagen nach Augenmaß. Das ist natürlich alles andere als zufriedenstellend, und die Frage nach objektiven Kriterien drängt sich nahezu auf.

Wir werden nun eine bemerkenswerte Methode beschreiben, die diesem Verlangen entgegenkommt. Die Methode ist nicht an einen bestimmten Typ von Verteilungen gebunden, sondern sehr allgemein. Allerdings müssen wir uns wirklich auf eine Beschreibung der Methode beschränken, die den Leser lediglich dazu befähigen soll, sie anzuwenden; Gründe, warum die Methode wirksam ist, können wir im Rahmen dieses Buches nicht ausführen.

Die Methode stützt sich auf eine bestimmte Familie von Verteilungen, die sogenannten χ^2-*Verteilungen*. Für jede natürliche Zahl r wird eine Verteilung aus dieser Schar definiert, die χ^2-*Verteilung mit r Freiheitsgraden*, und zwar als die Verteilung auf $[0, \infty[$, deren Dichtefunktion bis auf einen konstanten Faktor die Funktion $x \mapsto x^{r/2-1} \cdot e^{-x/2}$ ist.[9]

Bild 10, wo die Dichtefunktionen einiger χ^2-Verteilungen angegeben sind, vermittelt einen Eindruck davon, wie sich diese Verteilungen mit der Zahl der Freiheitsgrade ändern. Die in Bild 11 enthaltenen Informationen sind indes von größerem praktischen Wert.

Hier können wir die in Prozent angegebenen Wahrscheinlichkeiten finden, daß eine χ^2-Verteilung mit einem bestimmten Freiheitsgrad einen Wert annimmt, der größer als eine vorgegebene Zahl ist. Da beispielsweise der Punkt

---

[9]Die Verteilung läßt sich auch charakterisieren als Verteilung von $X_1^2 + X_2^2 + \ldots + X_r^2$, wobei $X_1, \ldots, X_r$ unabhängige standardnormalverteilte Zufallsvariable sind.

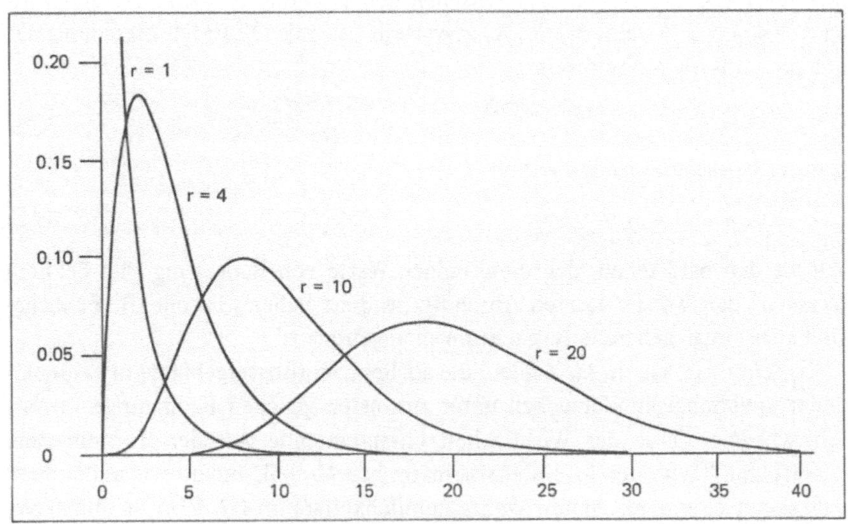

Bild 10 Dichtefunktionen der χ^2-Verteilungen mit $r = 1, 4, 10$ und 20 Freiheitsgraden

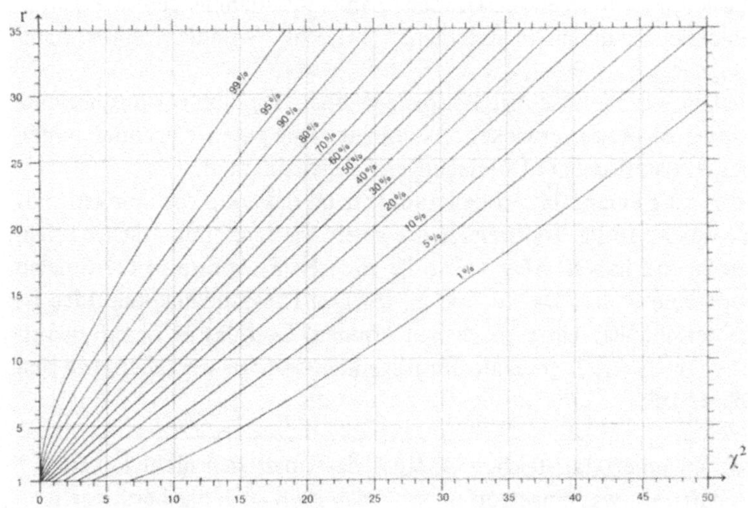

Bild 11 Fraktilkurven der χ^2-Verteilungen

mit den Koordinaten (43, 27) zwischen den 1 %- und 5 %-Kurven liegt, wird $P(X \geqslant 43) \approx 3 \%$ sein, wenn X χ^2-verteilt ist mit 27 Freiheitsgraden. Wir erlauben uns die Schreibweise

$$P(\chi_{27}^2 \geqslant 43) \approx 3 \%. \tag{44}$$

Ganz entsprechend finden wir

$$P(\chi_{21}^2 \geqslant 12{,}7) \approx 92 \%. \tag{45}$$

Wir werden bald sehen, daß diese beiden Werte von Bedeutung sind bei dem Versuch, den wir im letzten Abschnitt studiert haben (Tabelle 6). Zunächst sind aber einige generelle Betrachtungen angebracht.

Es seien x_1, x_2, ..., x_n Zahlen, die als Beobachtungsergebnisse in n voneinander unabhängigen Versuchen unter ansonsten gleichen Bedingungen ermittelt wurden. Diese der Wirklichkeit entstammende Art der Formulierung „übersetzen" wir nun in ein mathematisches Modell, indem wir annehmen, daß es auf einem geeigneten Wahrscheinlichkeitsraum (Ω, P) n unabhängige, identisch verteilte Zufallsvariable X_1, ..., X_n gibt sowie ein Element $\omega_0 \in \Omega$ derart, daß $x_1 = X_1(\omega_0)$, $x_2 = X_2(\omega_0)$, ..., $x_n = X_n(\omega_0)$. Mit anderen Worten (s. Übung 17), x_1, x_2, ..., x_n ist eine *Stichprobe.*

Man beachte, daß dieses Modell uns zunächst keinerlei Erklärung der uns interessierenden „Realität" erlaubt. Erst das Zusammenspiel von Wahrscheinlichkeitsrechnung und Wirklichkeit, unter Berücksichtigung der wechselseitigen Interpretationen, läßt uns gewisse Größen (Zahlen, Zahlenmengen oder Funktionen) berechnen, die sich in natürlicher Weise als Grundlage statistischer Ergebnisse eignen.

Hierzu haben wir bereits einige Beispiele gesehen. Die nun vor uns liegende Problemstellung ist etwas verwickelter. Sie bietet eine gute Gelegenheit, einen wichtigen Aspekt statistischer Überlegungen kennenzulernen.

Tatsächlich mag einem das Modell zunächst merkwürdig vorkommen. Wir sehen wohl, welche Rolle das Ereignis ω_0 spielt. Es zeigt, mit welcher Stichprobe wir es zu tun haben. Aber wozu die anderen Ereignisse in Ω? Spielen die überhaupt eine Rolle? Das tun sie in der Tat! Die fundamentale Idee ist die, daß sie zeigen, was hätte geschehen können. Und das ist damit zu vergleichen, was rein faktisch geschah. Im folgenden werden wir sehen, wie sich das durchführen läßt.

These 26: In einer statistischen Analyse darf man sich nicht nur mit dem beschäftigen, was eingetroffen ist — man muß auch das berücksichtigen, was hätte eintreffen *können.*

Wie in Kapitel 16 beschrieben, legt die Stichprobe eine bestimmte Vertei-lung fest, die *empirische Verteilung* G. Sie ist eine Abbildung des Typs

$$I \mapsto G(I), \quad I \subseteq \mathbb{R}.$$

Für $I \subseteq \mathbb{R}$ (wir verwenden den Buchstaben I, weil es sich in der Regel um Intervalle handelt) ist $G(I)$ gleich $\frac{1}{n}$ multipliziert mit der Anzahl der $k \leqslant n$, für die $x_k \in I$. Die (absolute) Zahl der nach I fallenden Beobachtungen ist demnach $G(I) \cdot n$.

Angenommen sei nun, daß wir die Vermutung prüfen wollen, die Stich-probe entstamme einer ganz bestimmten Verteilung G^*. Diese Verteilung G^* ist wie G eine Abbildung des Typs

$$I \mapsto G^*(I), \quad I \subseteq \mathbb{R}.$$

Eine derartige Vermutung kann viele Ursachen haben. Beispielsweise kann G^* eine von vornherein feststehende spezielle Verteilung sein, etwa die Gleichver-teilung beim Münzenwurf oder Würfeln, oder G^* könnte sich aus einer vor-läufigen Modellbetrachtung ergeben, wobei gegebenenfalls ein oder mehrere Modellparameter zunächst aufgrund der Stichprobe geschätzt werden, wie wir es bereits im vorausgehenden Paragraphen anhand eines Beispiels sahen. Im folgenden wollen wir annehmen, daß solche Parameterschätzungen stets nach der Maximum-likelihood-Methode erfolgen.

Die Vermutung, daß die Stichprobe der Verteilung G^* entstammt, läßt sich mittels des Wahrscheinlichkeitsmaßes P ausdrücken; sie bedeutet nämlich, daß für beliebige Teilmengen $I_1, I_2, ..., I_n \subseteq \mathbb{R}$ die Gleichung

$$P(X_1 \in I_1, X_2 \in I_2, ..., X_n \in I_n) = G^*(I_1) \cdot G^*(I_2) \cdot ... \cdot G^*(I_n) \qquad (46)$$

gilt. Das Modell wird mit dieser Vermutung also noch genauer spezifiziert; da es ja nur die Verteilungen sind, die uns wirklich interessieren (vgl. die Thesen 13, 14 und 15), kann man sagen, daß das Modell hiermit vollständig festgelegt ist. Wir wissen, daß es einen gewissen Spielraum bei der Wahl des Wahrschein-lichkeitsraumes und der Zufallsvariablen gibt, aber diese Freiheit hat auf die weiteren wahrscheinlichkeitstheoretischen und statistischen Überlegungen keinen Einfluß. Diese möglicherweise etwas „mystisch" anmutenden, nicht durch das Modell festgelegten Elemente lassen sich im übrigen leicht durch die Bemerkung beseitigen, daß man immer $\Omega = \mathbb{R}^n$ setzen und die Koordinaten-abbildungen als Zufallsvariable verwenden kann.

Diese letzte Bemerkung wollen wir etwas vertiefen und uns den Fall $n = 2$ genauer ansehen. Wir setzen also

$$\Omega = \mathbb{R}^2 = \{(a_1, a_1) \,|\, a_1 \in \mathbb{R}, \ a_2 \in \mathbb{R}\}$$

und definieren $X_1 : \Omega \to \mathbb{R}$ und $X_2 : \Omega \to \mathbb{R}$ durch

$$X_1(a_1, a_2) = a_1, \quad X_2(a_1, a_2) = a_2 \quad \text{für} \quad (a_1, a_2) \in \Omega.$$

Es bleibt P so zu definieren, daß Gl. (46) gilt. Für eine Produktmenge

$$I_1 \times I_2 = \{(a_1, a_2) \,|\, a_1 \in I_1, \ a_2 \in I_2\}$$

setzen wir

$$P(I_1 \times I_2) = G^*(I_1) \cdot G^*(I_2).$$

Damit ist die Wahrscheinlichkeit für alle achsenparallelen Rechtecke festgelegt und die Gültigkeit von Gl. (46) sichergestellt. Die Axiome eines Wahrscheinlichkeitsmaßes (s. Übung 3) gestatten es nun, $P(A)$ für kompliziertere Mengen $A \subseteq \Omega$ zu berechnen. Es ist beispielsweise klar, wie dieser Wert für das in Bild 12 skizzierte Ereignis A zu ermitteln ist (!). Theoretische Überlegungen, die leider nicht ganz einfach sind, zeigen, daß ein solches fortgesetztes Bestimmen der Werte $P(A)$ letztlich das Wahrscheinlichkeitsmaß P vollständig spezifiziert.

Wir kommen zu unserem konkreten Problem zurück, G und G* zu vergleichen. Hierzu werden wir eine Methode angehen, den „Abstand" oder, wie wir auch sagen werden, die *Diskrepanz* zwischen G und G* zu messen. Ausgangspunkt ist eine Klasseneinteilung, in diesem Fall meist *Gruppierung* genannt, von $\mathbb{R}$ in endlich viele Klassen. Bezeichnen wir diese Gruppierung mit $(I_k)_{k=1,2,\ldots,\nu}$, so haben wir also $\mathbb{R} = \cup_1^\nu I_k$ und $I_j \cap I_k = \emptyset$ für $j \neq k$. Sofern eine Teilmenge $S \subseteq \mathbb{R}$ sowohl den Träger von G als auch den von G* enthält, reicht es zu verlangen, daß (I_k) eine Klasseneinteilung von S ist.

Auf diese Gruppierung beziehen sich nun die beobachteten bzw. zu erwartenden Größen

$$N_k = n \cdot G(I_k), \quad N_k^* = n \cdot G^*(I_k), \quad k = 1, 2, \ldots, \nu. \tag{47}$$

Dabei ist N_k die Anzahl der nach I_k fallenden Beobachtungswerte, während N_k^* die entsprechende zu erwartende Zahl ist unter der Annahme, daß die der Stichprobe zugrundeliegende Verteilung gerade G* ist.

Als *Abstand* oder *Diskrepanz* zwischen G und G* (bezogen auf die gewählte Gruppierung) definieren wir die Zahl

$$d = \sum_{k=1}^{\nu} \frac{(N_k - N_k^*)^2}{N_k^*} = \sum_{k=1}^{\nu} \frac{N_k^2}{N_k^*} - n. \tag{48}$$

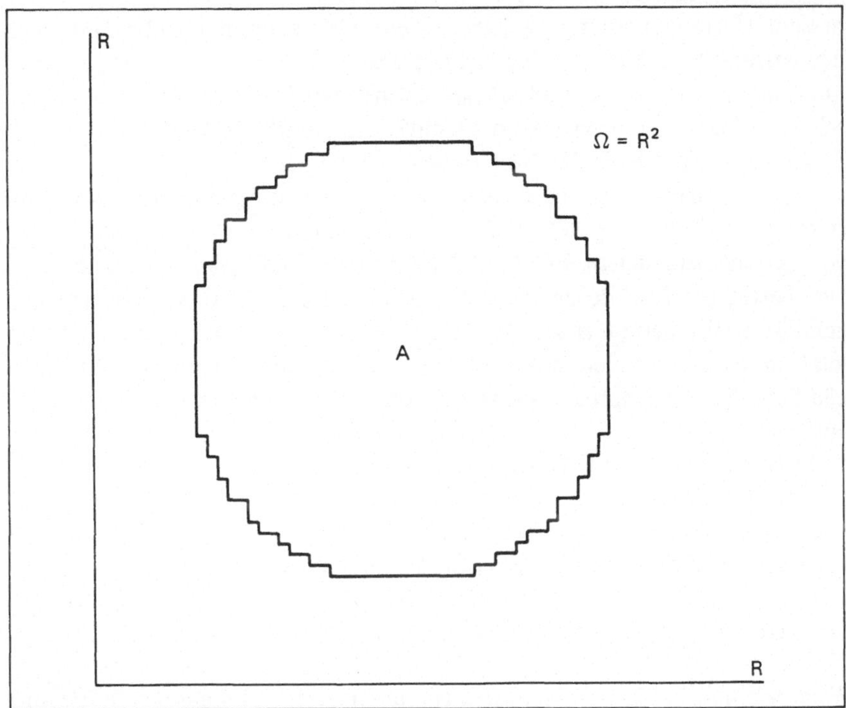

Bild 12

Diese Größe wollen wir uns näher anschauen und rein qualitativ untersuchen, unter welchen Umständen sie als Maß für einen Abstand zwischen Verteilungen in Frage kommt.

Der Abstand ist definiert als Summe von ν Gliedern, wobei der k-te Summand die auf die Menge I_k bezogene Abweichung zwischen beobachtetem und zu erwartendem Wert mißt. Natürlich müssen wir bei großem N_k^* auch größere Unterschiede zwischen N_k und N_k^* tolerieren; um dem Rechnung zu tragen, tritt N_k^* auch im Nenner von Gl. (48) auf. Wenn allerdings für ein k der Wert N_k^* sehr klein ist, riskiert man eine unangemessen hohe Diskrepanz d; dieser Fall ist also zu vermeiden.

Noch auf eine andere wichtige Tatsache ist hinzuweisen. Wenn wir mit Hilfe der Stichprobe $(x_1, x_2, ..., x_n)$ bereits einen oder mehrere unbekannte Parameter geschätzt haben, ist es klar, daß wir bereits eine verhältnismäßig bessere Übereinstimmung zwischen G und G* erwarten können und einen dementsprechend kleineren Wert von d. Das ist durchaus nicht unerwünscht, nur müssen wir, um G und G* als „dicht" beieinander anzusehen, um so schärfere Anforderungen stellen (d muß also „sehr" klein werden), je mehr Parameter wir mit Hilfe der Stichprobe geschätzt haben.

Wie groß darf d nun noch sein, um die Vermutung, die Stichprobe entstamme der Verteilung G*, noch aufrechterhalten zu können? Das werden wir entscheiden, indem wir d als Zufallsvariable auffassen. Gewiß ist d als eine bestimmte Zahl definiert, aber es ist klar, daß dieser spezielle Wert von d zufällig ist. Er beruht ja auf der Stichprobe x_1, x_2, ..., x_n, und wir werden jetzt in entscheidender Weise unsere Modellannahme ausnützen, daß wir nämlich diese Stichprobe als Werte von Zufallsvariablen X_1, X_2, ..., X_n auffassen.

Es ist bequem, zwei Fälle zu unterscheiden.

Am einfachsten ist die Annahme, daß G* eine feste, von der Stichprobe unabhängige Verteilung ist (kein Parameter wird geschätzt). Die N_k^* sind dann feste Zahlen. Hingegen sind die N_k Zufallsvariable, denn es gilt

$$N_k(\omega) = \frac{1}{n} \cdot \{\text{Anzahl der } i \leqslant n, \text{ für die } X_i(\omega) \in I_k\}, \ \omega \in \Omega.$$

Wenn wir nun in Gl. (48) N_k durch $N_k(\omega)$ ersetzen, wird aus der Diskrepanz d eine Zufallsvariable, für die wir den Buchstaben D verwenden wollen, um sie von dem speziellen uns vorliegenden Wert d zu unterscheiden. Wir setzen also

$$D(\omega) = \sum_{k=1}^{\nu} \frac{(N_k(\omega) - N_k^*)^2}{N_k^*}, \ \ \omega \in \Omega. \tag{49}$$

Wird die Stichprobe zur Schätzung von Parametern benutzt, lassen sich die N_k^* gleichfalls als Zufallsvariable auffassen; setzt man die so erhaltenen Werte in Gl. (48) bzw. Gl. (49) ein, erhält man eine Zufallsvariable, die wir wiederum mit D bezeichnen.

In jedem Fall haben wir eine zufällige Diskrepanz D definiert, mit deren Hilfe wir das sog. *Signifikanzniveau* SN folgendermaßen festlegen:

$$SN = P(D \geqslant d).$$

Hierbei ist wie üblich $D \geqslant d$ eine Kurzschreibweise für das aus den $\omega \in \Omega$ bestehende Ereignis, bei denen $D(\omega) \geqslant d$ ist.

Wir nehmen z. B. an, daß SN = 20 % ist. Bei fester Verteilung G* ist dieser Sachverhalt vor dem Hintergrund des Gesetzes der großen Zahlen wie folgt zu interpretieren: Sofern eine große Menge von Stichproben erhoben wird, alle vom Umfang n, sofern alle Stichproben der Verteilung G* entstammen, und sofern die Stichprobenerhebung unabhängig geschieht, wird in ca. 20 % dieser Stichproben eine Diskrepanz zu beobachten sein, die mindestens so groß ist wie der Wert d aus unserer konkreten Stichprobe. Eine Diskrepanz in diesem Bereich, die man also in einem von fünf Fällen zu erwarten hat, kann man wohl kaum als unakzeptabel groß bezeichnen.

Hätten wir stattdessen ein Signifikanzniveau von 1 %, so wäre ein entsprechender Wert von d nur in einem von hundert Fällen zu erwarten. Dann würde man sicher die Vermutung zurückweisen, daß G* die zugrundeliegende Verteilung sei, und sich nach einem anderen Modell umsehen.

Befinden wir uns in der Situation, wo die Stichprobe zunächst zum Schätzen von Parametern verwendet wird, haben wir eine ganz entsprechende Interpretation des Signifikanzniveaus. Festzuhalten bleibt aber, daß dann G* keine feste, sondern eine zufällige Verteilung ist!

Wir können obige Betrachtungen durch die Einführung eines *Tests auf Verteilungsgleichheit* zusammenfassen. Man wähle eine passende Grenze α für das Signifikanzniveau. Ist SN $< \alpha$, läßt man die Vermutung fallen, G* könnte die zugrundeliegende Verteilung sein; für SN $\geqslant \alpha$ hingegen hält man an dieser Vermutung fest. Die Wahl von α ist teils Geschmack-, teils Erfahrungssache. Ist das Datenmaterial mit Unsicherheiten behaftet und weiß man, daß viele Faktoren bei der Modellaufstellung gar nicht berücksichtigt werden konnten, kann man dem durch einen niedrigeren Wert von α Rechnung tragen. Oft wird $\alpha = 5 \%$ als vernünftig angesehen.

Man sollte darauf hinweisen, daß auch ein Signifikanzniveau von beispielsweise 90 % keinesfalls die Vermutung in weit höherem Maß bekräftigt als etwa ein Wert von 25 %.

Unsere Methode, die Gleichheit von Verteilungen zu testen, wäre nicht viel wert, wenn wir das Signifikanzniveau nicht auch berechnen könnten. Es gilt das folgende tiefliegende Resultat, hier formuliert mit Bezug auf die vorausgehende Diskussion:

Satz 4: Ist die Vermutung bzgl. der Verteilung, der die Stichprobe entstammt, korrekt, und sind alle erwarteten Zahlen N_k^* hinreichend groß für k = 1, 2, 3, ..., ν, so bestimmt sich das Signifikanzniveau aus der approximativen Formel.

$$SN \approx P(\chi^2_{\nu-s-1} \geqslant d), \tag{50}$$

wobei s die Anzahl der durch die Stichprobe geschätzten Parameter bezeichnet.

Aufgrund der besonderen Rolle, die die χ^2-Verteilungen in diesem Resultat spielen, spricht man vom χ^2-*Test auf Verteilungsgleichheit,* wenn man den Satz anwendet.

Es ist schwer, präzise anzugeben, wann es erlaubt ist, diesen Satz anzuwenden. Ein paar lose Richtlinien wollen wir dennoch anführen. Bzgl. der Größe der erwarteten Zahlen N_k^* lautet die Erfahrung, daß sie alle mindestens 5. sein sollten. Die Formel (50) ist eine Approximation, die mit der Größe n der Stichprobe immer besser wird; sie ist sogar so gut, daß man sie praktisch ohne Einschränkung anwenden kann (nur in Fällen, wo sehr „unregelmäßige" Verteilungen untersucht werden, sollte man auf der Hut sein).

Wir weisen darauf hin, daß sich der Satz auch dann ausgezeichnet anwenden läßt, wenn die Anzahl ν der Gruppen der gewählten Klasseneinteilung sehr klein (aber natürlich größer als 1) ist.

Streng genommen müssen für die Anwendbarkeit des Satzes bestimmte Anforderungen erfüllt sein. Zum ersten muß die Klasseneinteilung von vornherein festliegen, sie darf also nicht erst aufgrund der Stichprobe bestimmt werden. Zum anderen hat die Schätzung eventueller Parameter auf der *gruppierten Stichprobe* zu beruhen, d. h. lediglich die Partialsummen $\kappa_k = \Sigma \{x_i | x_i \in I_k\}$ für $k = 1, 2, ..., \nu$ dürfen benutzt werden. Außerdem soll die Schätzung, wie bereits angedeutet, mit Hilfe der Maximum-likelihood-Methode erfolgen.

Die infolge einer Abweichung von diesen Erfordernissen entstehende zusätzliche Ungenauigkeit wird in der Regel klein sein. Deshalb wird man die statistische Analyse oft ohne diese Rücksichten arrangieren, stattdessen aber darauf achten, die Rechenarbeit zu vereinfachen. Eine bequeme Vorgehensweise ist etwa, zunächst aufgrund der *gesamten* Stichprobe die Verteilung G^* zu bestimmen. Danach benutzt man G^*, um die Gruppierung so festzulegen, daß alle N_k^* mindestens 5 sind, und zum Schluß berechnet man mit Hilfe des Satzes das Signifikanzniveau.[10]

Daß die soeben beschriebene, etwas ungenaue Vorgehensweise bequem ist, sehen wir z. B. an dem für uns wichtigen Fall, wo wir als Modell G^* eine Poissonverteilung mit einem zunächst noch nicht bekannten Parameter λ vor uns haben. Hier sind wir ja in der glücklichen Lage, den Parameter auf äußerst einfache Weise schätzen zu können, nämlich als Stichprobendurchschnitt (vgl. Übung 17). Das gilt nicht mehr, wenn wir vorher eine Gruppierung vorgenommen haben (es sei denn, diese ist „eben"). Natürlich kann man auch aus einer gruppierten Stichprobe leicht eine Schätzung für λ berechnen, aber es gibt

---

[10]Resultate von Chernoff und Lehmann zeigen, daß der dabei entstehende Fehler einer Anzahl von Freiheitsgraden in Satz 4 entspricht, die zwischen $\nu - s - 1$ und $\nu - 1$ liegt.

Tabelle 8

k	1	2	3	4	5	6	7	8	9	10	11	12	13	14	15	16	17	18	19	20	21	22	23	24	25	26	27	28	29
I_k	≤ 58	≤ 61	≤ 63	≤ 65	66	67	68	69	70	71	72	73	74	75	76	77	78	79	80	81	82	83	84	85	86	≤ 88	≤ 90	≤ 93	$< \infty$
N_k	0	4	5	6	4	6	9	11	8	11	17	13	19	19	14	14	16	10	8	10	11	9	5	5	3	3	5	0	4
N_k^*	5	7	8	11	7	7	8	9	10	10	11	11	11	11	11	11	11	10	10	9	8	8	7	6	5	9	6	6	5

Tabelle 9

k	1	2	3	4	5	6	7	8	9	10	11	12	13	14	15	16	17	18	19	20	21	22	23	24
I_k	≤ 62	≤ 64	≤ 66	67	68	69	70	71	72	73	74	75	76	77	78	79	80	81	82	83	84	85	≤ 87	$< \infty$
N_k	5	6	8	6	9	11	8	11	17	13	19	19	14	14	16	10	8	10	11	9	5	5	3	12
N_k^*	5	5	9	6	8	9	10	12	13	14	14	15	15	15	14	13	12	11	10	8	7	6	8	10

leider keine praktisch anwendbare „fertiggestrickte" Formel, so daß eine größere Rechenarbeit durchzuführen bleibt. Man müßte also ein Programm erstellen und diese Arbeit einem Computer überlassen. Wir hoffen, daß unsere Diskussion gründlich genug war, um dem interessierten Leser das Ausarbeiten eines solchen Programms zu ermöglichen.

Wir halten indes an der bequemeren Vorgehensweise fest und haben dazu die Programme P 7 und P 8 ausgearbeitet (entsprechend einer Poissonverteilung bzw. einer modifizierten Poissonverteilung G^*). Man muß aber darauf aufmerksam machen, daß eine allzu starke Gruppierung die Genauigkeit verringert.

Schauen wir uns das Zahlenmaterial des letzten Paragraphen noch einmal an. Die beste Poisson-Approximation ist in Tabelle 8 beschrieben. Sie wurde gefunden, indem der Parameter λ zunächst aufgrund der Gesamtstichprobe ermittelt wurde. Eine zugehörige Gruppierung $(I_k)_{k=1,2,\ldots,29}$ mit den beobachteten und erwarteten Zahlen (gerundet zur jeweils nächsten ganzen Zahl) ist in Tabelle 8 wiedergegeben.

Die Mengen I_k sind als Teilmengen von $\{0, 1, 2, \ldots\}$ angegeben. Wir haben die I_k so gewählt, daß die zugehörigen erwarteten Anzahlen nicht unter 5 liegen. Man sagt, wir haben eine *Gruppierungsgrenze* von 5 eingehalten. Die Tabelle wurde mit Hilfe des Programms P 7 erstellt, das gleichfalls die Diskrepanz berechnet. Diese beträgt d = 42,98. Die Anzahl der Freiheitsgrade beträgt $29-1-1 = 27$, so daß sich aus Satz 4 in Verbindung mit Tabelle 11 ein Signifikanzniveau von ca. 3 % ergibt [vgl. Gl. (44)]. Mit gutem Grund können wir also das Modell einer reinen Poissonverteilung verwerfen.

Für das Modell mit den modifizierten Poissonverteilungen, das die Schätzung von λ und h erforderlich macht (siehe Kapitel 16), finden wir die in Tabelle 9 aufgelisteten Daten der beobachteten und erwarteten Zahlen. Hier ist d = 12,73, und mit der Anzahl von $24-2-1 = 21$ Freiheitsgraden ergibt sich aus Satz 4 und Bild 11 ein Signifikanzniveau von ca. 92 % [vgl. Gl. 45)]. Zur Berechnung dieser Daten wurden die Programme P 3 und P 8 verwendet.

18

Die historische Perspektive

Zwei Hauptthemen wollen wir diskutieren, die Entwicklung der von uns benutzten Mathematik und die Entwicklung des von uns berührten Teilgebiets der Physik.

Hinsichtlich der Mathematik war die Wahrscheinlichkeitsrechnung ein entscheidendes Werkzeug für uns. Dieser Teil der Mathematik hat seinen Ursprung in verschiedenen Glücksspielen mit Würfeln, Karten usw. Man wollte vor allem im Stande sein, die Gewinnwahrscheinlichkeiten in verschiedenen Spielsituationen zu berechnen.

Die erste „ordentliche" Grundlage für die Wahrscheinlichkeitsrechnung wurde im Jahre 1654 in einem berühmten Briefwechsel zwischen Fermat und Pascal geschaffen. Aufgrund einer wichtigen vorausgehenden Arbeit von Cardano spricht man vom *Cardano-Fermat-Pascalschen Wahrscheinlichkeitsbegriff*. Unter Wahrscheinlichkeit versteht man hierbei die Anzahl der günstigen geteilt durch die Anzahl der möglichen Fälle.

In der folgenden Zeit arbeitete man hauptsächlich mit kombinatorischen Problemen. Die Binomialverteilung (mit Erfolgswahrscheinlichkeit $\frac{1}{2}$) war eines der wichtigsten Studienobjekte. Viele sahen indes ein, daß es Schwierigkeiten mit dem Cardano-Fermat-Pascalschen Wahrscheinlichkeitsbegriff gab. In seinem Buch *Ars Conjectandi*, posthum veröffentlicht im Jahre 1713, beschreibt Jakob Bernoulli ausführlich eine Situation, wo die auftretenden Wahrscheinlichkeiten ihren Ursprung in der Natur oder im menschlichen Verhalten haben, und wo es sinnlos ist, die Anzahl der „günstigen Fälle" auszurechnen. Bernoulli weist hier auf die Möglichkeit hin, das, was man nicht *a priori* bestimmen kann, versuchsweise *a posteriori* zu bestimmen. Es ist Bernoullis großes Verdienst, aus dieser Idee einen präzise formulierten mathematischen Satz gemacht zu haben, *das Gesetz der großen Zahlen*. Bernoulli bewies seinen Satz für die Binomialverteilung; mit der Zeit wurde daraus ein ganz allgemeines Resultat.

Im Jahre 1733 verfeinerte de Moivre die Untersuchungen zur Binomialverteilung und bewies den *zentralen Grenzwertsatz*. In de Moivres Satz war
die Erfolgswahrscheinlichkeit $\frac{1}{2}$. Im Jahre 1812 wurde dieses Resultat von
Laplace auf beliebige Binomialverteilungen erweitert.

Wir wollen uns nun mit Poissons Ergebnissen beschäftigen. Im Jahre 1837
veröffentlichte Poisson das Buch *Recherches sur la probabilité des jugements
en matière criminelle et en matière civile*. Das war ein wichtiger Beitrag in
der Debatte über die Zweckmäßigkeit, Wahrscheinlichkeitsrechnung (und
auch andere mathematische Methoden) auf gesellschaftswissenschaftlichem
Gebiet anzuwenden. Politisch konservative Kreise und auch Philosophen wie
Auguste Comte glaubten nicht, daß eine solche Rationalisierung möglich
oder wünschbar sei. Mit Energie warf Poisson sich in die Debatte und verfocht
den universellen Charakter der Wahrscheinlichkeitsrechnung. Sein Standpunkt
in dieser Diskussion war in etwa der, den Bernoulli über 100 Jahre vorher
bereits ausgedrückt hatte, und Poisson führt auch Bernoullis Hauptresultat als
einen zentralen Punkt an. Im übrigen ist es Poisson, der hier den Begriff „das
Gesetz der großen Zahlen" einführt.

In seiner Behandlung von Grenzwertsätzen für die Binomialverteilung
behandelt Poisson ein Problem, das gewissermaßen der Aufmerksamkeit von
Laplace entgangen ist, nämlich den Fall, wo es eine große „Asymmetrie"
zwischen der Wahrscheinlichkeit für Erfolg und Fiasko gibt, indem das
Produkt von Anzahlparametern und Erfolgswahrscheinlichkeiten beim Grenz-
übergang konstant gehalten wird. Mit anderen Worten, Poisson leitet die
Verteilung ab, die heute seinen Namen trägt, indem er unseren Satz 3 aus
Kapitel 14 beweist.

Poissons Beitrag zur Wahrscheinlichkeitsrechnung ist nicht zu vergleichen
mit dem, was etwa Bernoulli, de Moivre oder Laplace geschaffen haben. Seine
Ideen waren nicht im gleichen Maße originell. Er konsolidierte vielmehr
existierende Theorien. Es ist sogar fraglich, ob er der erste war, der die
Poissonverteilung und deren Beziehung zur Binomialverteilung entdeckt hat,
da auch de Moivre sich bereits hiermit beschäftigt hatte, allerdings in so
indirekter Weise, daß ihm die Lorbeeren sicher nicht allein gebühren.

Poissons Arbeiten wurden von seinen Zeitgenossen nicht sonderlich
geschätzt, sie wurden allenfalls als eine gut gelungene Popularisierung Laplace-
scher Ideen betrachtet. Eine Ausnahme macht dabei die russische Schule, die
um diese Zeit von Chebyshev gegründet wurde.

Tatsächlich war die Wahrscheinlichkeitsrechnung mit den Laplaceschen
Arbeiten an einem Punkt angelangt, wo man nicht mehr recht weiter kam. Es
fehlte eine neue Grundlage. Der Cardano-Fermat-Pascalsche Wahrscheinlich-

keitsbegriff war vielen Anforderungen der Wahrscheinlichkeitsrechnung nicht gewachsen, z. B. in der Bevölkerungsstatistik oder der Versicherungswissenschaft.

Die beste Waffe, die man einsetzen konnte, war – wie Poisson richtig erkannte – ein Hinweis auf das Gesetz der großen Zahlen. Dieses Gesetz ist ungeheuer wichtig. Die darin zum Ausdruck kommende Haltung gegenüber der Wahrscheinlichkeitsrechnung (vgl. These 12) liegt vielen Überlegungen zugrunde, insbesondere den mehr statistisch geprägten, auch in diesem Buch. Die mit diesem Satz gegebene grundsätzliche Möglichkeit, Wahrscheinlichkeiten und Erwartungswerte zu bestimmen, führt zu Interpretationen, die eine wichtige Richtschnur darstellen. Nach Meinung der weitaus meisten Wahrscheinlichkeitstheoretiker (auch der des Verfassers) sollte man indes nicht das Fundament der ganzen Wahrscheinlichkeitsrechnung direkt auf das Gesetz der großen Zahlen bauen. Das läßt sich heutzutage zwar durchführen und ist mathematisch interessant, aber eine solche Grundlage läßt keine Möglichkeit für die gewünschte reiche Wechselwirkung zwischen Wahrscheinlichkeitsrechnung und Wirklichkeit.

Die der Wahrscheinlichkeitsrechnung zunächst fehlende feste Grundlage wurde im Jahre 1933 durch Kolmogorovs Buch *Grundbegriffe der Wahrscheinlichkeitsrechnung* geschaffen. Kolmogorov konnte sich dabei auf Ideen von Borel stützen und natürlich auf die russische Schule der Wahrscheinlichkeitstheorie (Chebyshev, Markov, Lyapunov u. a.).

Ausgangspunkt der Kolmogorovschen Theorie ist der Begriff *Wahrscheinlichkeitsraum* (siehe Übung 3). Ein Hauptresultat dieser Theorie, der sogenannte *Konsistenzsatz*, behandelt die Konstruktion neuer Wahrscheinlichkeitsräume aus gegebenen. Dieses Resultat läßt sich so interpretieren, daß jedes stochastische Phänomen, das bloß in der Form gewisser Verteilungen vorliegt, ein Modell in der Kolmogorovschen Theorie besitzt. Verlangt wird lediglich, daß die Verteilungen gewissen *Konsistenzbedingungen* genügen, die in der Praxis meist automatisch erfüllt sind. Dieser Satz zeigte, daß eine große Zahl bereits untersuchter stochastischer Phänomene, wobei die Untersuchung allerdings mit einer gewissen Unsicherheit behaftet war, da man auf kein präzises Modell zurückgreifen konnte, nun auf sicherer Grundlage behandelt werden konnte. Beispielsweise konnte man erst mit dem Kolmogorovschen Modell eine wirklich zufriedenstellende Beschreibung des Poissonprozesses geben.

Die Kolmogorovschen Arbeiten, und zwar sowohl die Grundbegriffe wie auch die späteren Arbeiten über stochastische Prozesse waren von entscheidender Bedeutung für den Durchbruch der Wahrscheinlichkeitsrechnung zu einer geachteten modernen Wissenschaft mit weitesten Anwendungsmöglichkeiten.

Auch wenn in der langen Zeit vor Kolmogorov dieses feste Fundament
noch fehlte, stand die Entwicklung natürlich nicht still. Wir begnügen uns hier
damit, einige Untersuchungen zu kommentieren, die eine direkte Beziehung
zu den Themen haben, mit denen wir uns in diesem Buch beschäftigen.

Im Jahre 1898 bewies Bortkiewicz mit einer langen Reihe von Beispielen,
darunter dasjenige mit den tödlichen Huftritten (Tabelle 3), die Reichweite
der Poisson-Approximation an die Binomialverteilung. Immer wieder behandelte Bortkiewicz die Poissonverteilung, insbesondere bei statistischen Untersuchungen. Für uns ist von besonderem Interesse, daß er bereits im Jahre
1913 das Buch *Die radioaktive Strahlung als Gegenstand wahrscheinlichkeits-
theoretischer Untersuchungen* herausgab. Hierin behandelte er unter anderem
den Rutherford-Geiger-Versuch, dessen Resultate erst zwei Jahre vorher
publiziert worden waren. Ich finde es überraschend und imponierend, daß
Bortkiewicz bereits in der Lage war, mit langen Rechnungen die Totzeit im
Rutherford-Geiger-Versuch auszurechnen (siehe Übung 31). Sowohl die
Bortkiewiczschen als auch viele andere Arbeiten, von denen hier die Rede ist,
zeigen einen großen Spaß an verwickelten Berechnungen, die sich aus der
mathematischen Analyse ergeben.

Gosset, den wir bereits in Kapitel 15 erwähnten, arbeitete als Statistiker
bei den Guinness-Brauereien in Dublin. Bekanntlich ist das Bierbrauen eine
delikate Angelegenheit; bei der Produktion hat man vielfach mit engen
Toleranzen zu arbeiten. Gosset hatte also genügend Anlaß, nach verbesserten
statistischen Methoden zu suchen. Unter dem Pseudynom „Student" publizierte er eine Reihe anerkannter Arbeiten, die durch konkrete Probleme der
Brauerei motiviert waren. Hinzuweisen ist auf seine erste Arbeit "On the error
of counting with a haemacytometer" aus dem Jahre 1907. Das Zahlenmaterial in Tabelle 5 entstammt dieser Abhandlung. Zentraler Punkt ist die Erweiterung der Anwendungsmöglichkeiten der Poissonverteilung, wie es in Kapitel
15 dargelegt ist. Erwähnt sei auch, daß die (ungewöhnlich?) gut formulierte
These 25 direkt aus einer der statistischen Arbeiten Gossets stammt.

In den bis jetzt erwähnten Quellen tritt die Poissonverteilung als einzelne,
für sich stehende Verteilung auf. Man kann fragen, wann der Poissonprozeß
auftauchte. Sehr kritisch könnte man darauf antworten, daß stochastische
Prozesse erst mit Kolmogorovs Arbeiten zum Leben erweckt wurden. Das ist
aber eine viel zu enge Perspektive. Das charakteristische bei einem Prozeß ist
doch, daß der Zeitparameter eine wesentliche Rolle spielt, und zu fragen ist
also, wann dieser Aspekt zuerst auftauchte.

Wir wollen uns nun dem Telefonverkehr zuwenden. Hier spielt der zeitliche Verlauf selbstverständlich eine herausragende Rolle.

Es ist kaum bekannt, daß bahnbrechende Arbeiten zum Telefonwesen in Dänemark geleistet wurden. Hier wurde zum erstenmal vorgeschlagen, die Wahrscheinlichkeitsrechnung im Dienste des Telefons einzusetzen. Dies geschah 1907 und 1908 in zwei Aufsätzen des Verwaltungsdirektors Fr. Johannsen der Kopenhagener Telefon-Aktiengesellschaft. Im Jahre 1908 faßte die Gesellschaft den einzigartigen und weitblickenden Entschluß, ein physikalisch-technisches Laboratorium für wissenschaftliche Entwicklungsarbeiten einzurichten. Als dessen Leiter verpflichtete man den Mathematiker A. K. Erlang. Schon ein Jahr später, also im Jahre 1909, publizierte Erlang seine erste Abhandlung über telefontechnische Themen. Er bewies unter anderem, daß die Anzahl der Anrufe bei einer Zentrale unter natürlichen, etwas idealisierenden Voraussetzungen durch einen Poissonprozeß beschrieben wird. Ohne Zweifel ist das eine der ersten Abhandlungen, wo der Poissonprozeß, wenn auch noch in etwas rudimentärer Form, auftritt.[11]

In Erlangs weiteren Arbeiten wird eine Reihe von Verteilungen eingeführt, mit denen Prozesse studiert werden sollen, die komplizierter sind, als der Poissonprozeß, da man nicht nur das Eintreffen von gewissen Ereignissen untersucht, sondern auch deren Aufhören – die meisten Gespräche finden ja, trotz allem, ein Ende. Man muß auch in Betracht ziehen, daß es nur eine begrenzte Anzahl von Telefonkunden gibt.[12]

Fast alle Arbeiten von Erlang bezogen sich auf telefontechnische Dimensionierungsprobleme und waren von großer praktischer Bedeutung. Sie wurden schnell auch jenseits der Landesgrenzen bekannt. Besonders wichtig war eine Abhandlung aus dem Jahre 1917, in der Erlang die Wahrscheinlichkeit berechnete, daß ein Anruf abgewiesen werden mußte infolge der Arbeitsüberlastung der Zentrale mit bereits bestehenden Gesprächen. Um solche Berechnungen durchführen zu können, führte Erlang das Prinzip des „statistischen Gleichgewichts" ein. Dieses Prinzip griff der Entwicklung voraus und spielt heutzutage eine wichtige Rolle.

---

[11] Nach Erscheinen der dänischen Ausgabe dieses Buches wurde mit bekannt, daß der schwedische Versicherungsmathematiker Filip Lundberg bereits im Jahre 1903 eine Abhandlung veröffentlichte, in der der Poissonprozeß (sowie andere, allgemeinere Prozesse) eine Rolle spielte. Diese Arbeit stellt einen Vorläufer der sog. *Kollektiven Risikotheorie* dar, die Lundberg später entwickelte.

[12] Professor Arne Jensen, der Erlangs Arbeiten weiterentwickelte, teilt mit (basierend auf der „Holbaekuntersuchung" von 1969), daß selbst für moderne "High-Tech"-Telefonzentralen die von Erlang eingeführten Modelle noch immer imstande sind, die beobachteten Daten zu erklären.

Erlangs Arbeiten leben weiter, sowohl in der Praxis als auch als Grundlage
für mathematische und technisch-wissenschaftliche Untersuchungen. Ein
Zeichen für die Anerkennung, die seinem Einsatz zuteil wurde, ist die Tatsache, daß die internationale Einheit für die Größe des Telefonverkehrs, der
ct-Wert (Belegungszahl × Belegungsdauer), seinen Namen trägt.

Die dänischen Telefongesellschaften haben die gute Tradition fortgesetzt,
mathematisches Forschungstalent in den Dienst des Telefons zu stellen. Es
gibt auch andere Beispiele fruchtbarer Wechselwirkung zwischen Erwerbsleben
und Mathematik. Es bleiben aber noch viele ungeprüfte Möglichkeiten, wo
Weitsicht von Seiten der Industrie und Interesse auf der Seite der Mathematiker zu gegenseitigem Nutzen kombinierbar wären. Im Anschluß an diese
Bemerkungen erlaube ich mir die nüchterne

These 27: Mathematik macht sich bezahlt.

Die von uns benutzten statistischen Methoden wurden von der bedeutenden
englischen Schule eingeführt. Die Maximum-likelihood-Methode wurde 1912
und in den Folgejahren von dem berühmten Statistiker R. A. Fisher entwickelt; ein Spezialfall dieser Methode geht sogar auf Gauß zurück. Es war
K. Pearson, der im Jahre 1900 den χ^2-Test eingeführt hat; aber die wichtige
Erweiterung, die das Schätzen von Parametern betrifft, geht auf Fisher zurück
(1922 und 1924). In einer langen Reihe weiterer Arbeiten wird die Theorie
für diesen wichtigen Test bis in unsere Zeit hinein weiterentwickelt.

Zum Schluß wollen wir uns die Entwicklung ansehen, die in Verbindung
mit dem physikalischen Hauptthema des vorliegenden Buches, der Radioaktivität, stattgefunden hat.

Die Radioaktivität wurde im Jahre 1896 mehr oder weniger zufällig von
Becquerel entdeckt. Die ersten, die das Phänomen genauer untersuchten,
waren Marie und Pierre Curie. Man kann nicht umhin, ihren energischen und
uneigennützigen Einsatz zu bewundern, der insbesondere der chemischen
Isolierung neuer radioaktiver Elemente (Polonium und Radium) sowie den
Möglichkeiten, die Radioaktivität in den Dienst der Medizin zu stellen, galt.

Es war Marie Curie, die den Begriff „Radioaktivität" einführte. Zusammen
mit Becquerel bekam das Ehepaar Curie im Jahre 1903 den Nobelpreis für
ihre Studien zur Radioaktivität. Angesichts der Bedeutung der Radioaktivität
ist es wohl angemessen, an dieser Stelle aus Pierre Curies Rede bei der Ent-
gegennahme des Nobelpreises zu zitieren:

> "We might still consider that in criminal hands radium might become
> very dangerous; and here we must ask ourselves if mankind can benefit

by knowing the secrets of nature, if man is mature enough to take
advantage of them, or if this knowledge will not be harmful to the
world. ... I am among those who believe that humanity will derive more
good than evil from new discoveries."

Einer der führenden Wissenschaftler auf dem Gebiet der Radioaktivität war
Ernst Rutherford. Er stellte verschiedene Strahlungsformen fest und führte
die Bezeichnung α- und β-Strahlung ein. Zusammen mit dem Chemiker Soddy
gelangte er in den Jahren 1902–1903 zu der "alchemistischen" Auffassung,
daß:

Radioactivity is at once an atomic phenomenon and the accompaniment
of a chemical change in which new kinds of matter are produced.

Diese Auffassung führte zu einer umfangreichen Arbeit, bei der alle radioaktiven Elemente in Zerfallsserien eingeordnet wurden. Rutherford und
Soddy führten den Begriff Halbwertzeit ein und fanden in einer entsprechend
langen Halbwertzeit die Erklärung für eine anscheinend konstante Aktivität
mancher Stoffe. Das hiermit gefundene quantitative Verständnis für radioaktive Prozesse war ungeheuer wichtig und führte unter anderem zu einer
Korrektur der Curieschen Auffassung.

Es folgte eine lange Reihe von Untersuchungen. Wir wollen hier nur erwähnen, daß es um 1905 herum zum erstenmal möglich wurde, bei auf Zerfallsserien beruhenden Altersbestimmungen eine Idee vom Alter unserer Erde zu
bekommen (Boltwood und Rutherford). Rutherford bestimmte das Alter
einiger Uranminerale auf ungefähr 500 Millionen Jahre. Das war insofern
aufsehenerregend, als Lord Kelvin nur etwa 10 Jahre zuvor mit großer Sicherheit und komplizierten mathematischen Berechnungen das Alter der Erde auf
zwischen 20 und 40 Millionen Jahre geschätzt hatte. Es ist interessant, daß
die Radioaktivität auch eine Erklärung dafür geben konnte, warum Lord Kelvins
Resultat verkehrt war. Seine Berechnungen beruhten auf der Annahme einer
„kalten Erde", aber Rutherford wies darauf hin, daß aufgrund der Existenz
von Uran eine ganz beträchtliche Wärmeproduktion entsteht.[13] Die Geologen
haben seit langem die radioaktive Datierungsmöglichkeit übernommen und
geben heutzutage das Alter der Erde mit ungefähr 4,6 Milliarden Jahren an.

---

[13] In diesem Zusammenhang findet man in Faures Buch [9] folgendes Zitat von T. C.
Chamberlin:

"The fascinating impressiveness of rigorous mathematical analysis, with its atmosphere
of precision and elegance, should not blind us to the defects of the premises that
condition the whole process."

Rutherford, der zunächst an der McGill Universität in Kanada gearbeitet hatte, zog 1907 nach Manchester in England. Hier begann er die Zusammenarbeit mit Hans Geiger.

Beliebtestes Studienobjekt waren für Rutherford die α-Teilchen, die er selbst entdeckt hatte. Er war der Überzeugung, daß diese den Keim für ein tieferes Verständnis der Zusammensetzung der Stoffe enthielten.

Geiger und Rutherford entwickelten verschiedene Beobachtungsmethoden, die ein genaueres Studium der α-Strahlung zuließen. Als erste waren sie in der Lage, die genaue Anzahl der pro Sekunde von einer Radiumquelle ausgestrahlten α-Partikel zu zählen. Um diese Zeit, d.h. im Jahre 1908, gelang ihnen auch ein direkter Beweis von Rutherfords Vermutung, daß die α-Partikel doppelt positiv geladene Heliumionen sind.

Wir kommen damit zum Jahre 1910, dem Zeitpunkt des Rutherford-Geiger-Versuches, den wir im Text als Hauptbeispiel wählten (siehe Abschnitt 10). Zu dieser Zeit war der berühmte Streuversuch von Geiger und Marsden bereits ausgeführt, und Rutherford hatte mit Sicherheit bereits eine klare Vorstellung, welche Konsequenzen sich daraus für das existierende Atommodell ergeben. Aber erst im Jahre 1911 veröffentlichte er sein berühmtes Atommodell, dessen zentrales Element die Vorstellung ist, daß die Atomkerne nur einen ganz kleinen Teil des Atomes bilden.

In der Einleitung zu ihrem Artikel schreiben Rutherford und Geiger sehr klar über Hintergrund und Zweck ihrer Arbeit:

"In counting the α-particles emitted from radioactive substances either by the scintillation or electric method, it is observed that, while the average number of particles from a steady source is nearly constant, when a large number is counted, the number appearing in a given short interval is subject to wide fluctuations. These variations are especially noticeable when only a few scintillations appear per minute. For example, during a considerable interval it may happen that no α-particle appears; then follows a group of α-particles in rapid succession; then an occasional α-particle, and so on. It is of importance to settle whether these variations in distribution are in agreement with the laws of probability, i.e. whether the distribution of α-particles on an average is that to be anticipated if the α-particles are expelled at random both in regard to space and time. It might be conceived, for example, that the emission of an α-particle might precipitate the disintegration of neighbouring atoms, and so lead to a distribution of α-particles at variance with the simple probability law."

Nach sorgfältiger Versuchsbeschreibung und einer Analyse des Resultates können die Verfasser schreiben

> "We may consequently conclude that the distribution of α-particles in time is in agreement with the laws of probability and that the α-particles are emitted at random. As far as the experiments have gone, there is no evidence that the variation in number of α-particles from interval to interval is greater than would be expected in a random distribution."

Auf diesem Hintergrund können wir behaupten:

These 28: Rutherford und Geiger waren die ersten, die ein Phänomen als prinzipiell stochastisch erkannten.

Wichtig ist hierbei das Wort „prinzipiell". Frühere Arbeiten mit wahrscheinlichkeitstheoretischer Betrachtungsweise, wie z. B. Boltzmans statistische Mechanik, bewegten sich in Wirklichkeit auf einer deterministischen Grundlage, nämlich Newtons Mechanik (vgl. These 8).

Mit großer Sicherheit können wir behaupten, daß in jedem Falle niemand vor Rutherford und Geiger eine prinzipiell stochastische Betrachtung anstellen konnte. Aber trotz recht überzeugender Passagen in ihrer Abhandlung ist es etwas zweifelhaft, ob Rutherford und Geiger sich über dieses neue Element vollständig im klaren waren. Ihre Abhandlung schließt folgendermaßen:

> "Apart from their bearing on radioactive problems, these results are of interest as an example of a method of testing the laws of probability by observing the variations in quantities involved in a spontaneous material process."

Welches Mißverständnis! Es gibt überhaupt keinen Grund, die Gesetze der Wahrscheinlichkeitsrechnung durch Naturbeobachtungen zu testen. Die Gesetze haben ihr eigenes mathematisches Leben, unabhängig von der realen Welt (siehe auch die Diskussion in Abschnitt 11). Hingegen kann man wie Rutherford und Geiger untersuchen, ob etwas in der Natur beobachtetes sich durch Einbeziehung eines mathematischen Modells erklären läßt. Gelingt dieses, so ist stets eine Interpretation der in das Modell eingehenden Terme vonnöten. Diese Interpretation liegt hauptsächlich, aber nicht ausschließlich außerhalb des Bereichs der Mathematik. Normalerweise wird man solche Interpretationen auch auf andere Situationen anwenden können, und damit ergibt sich eine wichtige Möglichkeit, diese Interpretation – nicht die Mathematik! – zu testen, in dem neue Naturbeobachtungen vorgenommen werden.

Leider beherrschten Rutherford und Geiger die hier hineinspielenden Teile der Wahrscheinlichkeitsrechnung nicht in ausreichendem Maße. Das geht unter anderem aus der Tatsache hervor, daß sie einen Kollegen in Manchester darum baten, einen wahrscheinlichkeitstheoretischen Anhang auszuarbeiten. In diesem Anhang wird die Poissonverteilung abgeleitet, übrigens ohne jeden Hinweis auf frühere Arbeiten.

Rutherford und Geiger hatten wohl einen Blick für den wahrscheinlichkeitstheoretischen Aspekt, aber den damit einhergehenden prinzipiellen Bruch mit klassischen Vorstellungen sahen sie nicht so klar — wer kann ihnen dies jedoch verdenken?

Wie gesagt, wurde Rutherfords Atommodell im Jahre 1911 veröffentlicht. Nur wenige sahen dessen Konsequenzen und Möglichkeiten. Einer von ihnen war Niels Bohr, der Rutherford zum erstenmal im Jahre 1911 traf und seit dieser Zeit lange Perioden in Manchester zubrachte. Vielleicht kann man sagen, daß Rutherfords Fähigkeiten nicht so sehr bei der Theoretischen Physik, sondern beim Ausdenken und Durchführen von Experimenten lagen, wohingegen Bohrs eher unabhängiger, philosophisch geprägter Charakter es ihm erlaubte, auf nicht traditionelle Weise weit auseinanderliegende Auffassungen zu kombinieren.

Bohrs Erfolg im Jahre 1913 bei der Anwendung von Quantenvorstellungen auf die Theorie des Wasserstoffatoms ergab einen klaren Beweis der Bedeutung des Rutherfordschen Atommodells.

Eine stürmische Entwicklung setzte nun ein. Um 1925 waren die Ideen und besonders diejenigen Bohrs' in einen größeren Zusammenhang gebracht, die „alte Quantentheorie". Diese bricht mit klassischen Vorstellungen und stellt stattdessen eine Reihe übergeordneter Prinzipien her zur Interpretation und Erklärung atomarer Prozesse. Diese Prinzipien beinhalten sowohl Elemente eines gänzlich neuen Charakters, als auch Elemente, die an gewohnte Vorstellungen anknüpften.

Eine so klare und umfassende Theorie wie die klassische Newtonsche Mechanik fehlte allerdings; sie fand sich in der sog. Quantenmechanik, deren Grundlagen in den Jahren 1925 und 1926 durch Heisenberg, Born, Jordan, Dirac und Schrödinger gelegt wurden.

Einer der zentralen Aspekte in der Quantenmechanik ist die prinzipiell stochastische Auffassung atomarer Phänomene. Dies bedeutet einen so starken Bruch mit gewohnten Vorstellungen, daß es viel Widerstand hervorrief. Der Keim zu dieser stochastischen Auffassung liegt versteckt in Plancks berühmter Abhandlung aus dem Jahre 1900, in der das Wirkungsquantum entdeckt wurde, aber diese Entdeckung hatte keinesfalls die stochastische

Auffassung als eine klare logische Konsequenz. Man verdankt es wohl in erster Linie Bohr, daß dieser Gesichtspunkt so stark in den Vordergrund gerückt wurde.

Widerstand gegen die neue Theorie kam u. a. von Einstein. Etwas spöttisch fragte er deren Anhänger, ob sie wirklich meinten, „der liebe Gott spiele mit Würfeln?". Es ist paradox, daß Einstein selber als einer der ersten in einer berühmten Abhandlung aus dem Jahre 1917 über das Strahlungsgleichgewicht stochastische Betrachtungen als Ausgangspunkt seiner Untersuchungen wählte. Ein wichtiger Punkt, den Einstein zu behandeln wünschte, war die spontane Strahlungsaussendung, und er lenkt selber die Aufmerksamkeit auf den fundamentalen Charakter der stochastischen Beschreibung durch einen Hinweis auf die Analogie mit der Beschreibung radioaktiver Phänomene. Aus einigen Schlußbemerkungen geht hervor, daß Einstein den stochastischen Einschlag als eine Schwäche seiner Abhandlung ansah, eine Art Notlösung, die er später mit vernünftigeren Methoden zu ersetzen hoffte.

Zahlreiche Versuche wurden unternommen, um die Unvollständigkeit der Quantenmechanik nachzuweisen. Oft geschah dies mit schlau ausgedachten „paradoxen" Gedankenexperimenten. Aber jedesmal gelang der Nachweis, daß die neue Theorie imstande war, eine einwandfreie Beschreibung zu liefern. Einstein und Bohr waren Hauptpersonen bei dieser Art von Diskussion. Ich möchte den Leser auf die interessante Darstellung hinweisen, die Bohr in seinem Buch [2] gibt.[14] Einsteins Einstellung geht auch aus folgenden Bemerkungen hervor [18]:

> „..., daß ich den Grundgedanken der gegenwärtigen statistischen Quantentheorie insofern ablehne, als ich nicht glaube, daß dieser Grundgedanke eine brauchbare Basis für die gesamte Physik liefern wird.
>
> ... Ich bin sogar fest davon überzeugt, daß der grundsätzlich statistische Charakter der gegenwärtigen Quantentheorie einfach dem Umstand zuzuschreiben ist, daß diese mit einer unvollständigen Beschreibung der physikalischen Systeme operiert."

Man sollte die theoretische Möglichkeit nicht völlig zurückweisen, daß eine weit detailliertere Kenntnis des physikalischen Mikrokosmos als die, die wir heute haben, zu einer neuen Physik führen könnte, die auf einer anderen

---

[14] Bei einer Unterhaltung mit Frau Professor Margrethe Bohr verstärkte sich mein Eindruck, den man beim Lesen dieser Darstellung ohnehin gewinnt, daß es für Bohr eine große persönliche Enttäuschung war, Einstein nicht dazu bewegen zu können, mit ganzem Herzen für die neue Quantenmechanik einzutreten.

vielleicht ganz deterministischen Grundlage basiert. Die Physiker, die sich in den ersten Jahren der Quantenmechanik sehr skeptisch zeigten, konnten solche neuen Möglichkeiten allerdings nicht aufzeigen. Es sieht so aus, als liege der eigentliche Grund ihres Widerstandes in einem Widerwillen gegen den Gedanken, stochastische Betrachtungen zu einem übergeordneten Leitprinzip zu erheben. Es waren nicht so sehr wissenschaftlich gut fundierte Argumente, die diesen Gedanken so weit von sich schoben, sondern weit mehr eine allgemeine menschliche Einstellung philosophisch-ästhetischen Charakters.[15]

Man kann den Durchbruch der Quantenmechanik als einen Abschied von der Anschaulichkeit ansehen, die in langer Tradition seit den Tagen Newtons entstanden war. Es waren experimentelle Tatsachen, die die Physiker dazu zwangen, die gewohnte Anschaulichkeit zu verlassen. Ob neue Entdeckungen oder neue Betrachtungsweisen eines Tages zu einem Wiedergewinn der verlorenen Anschaulichkeit führen, ist zweifelhaft. Man muß im Gegenteil feststellen, daß die Entwicklung der allerjüngsten Zeit darauf hindeutet, daß die Anschaulichkeit unrettbar verloren ist.

---

[15] An dieser Stelle ist es interessant, Parallelen zur Einstellung früherer Zeiten zu ziehen, wo wir wiederum eine Weigerung vorfinden, sich mit Wahrscheinlichkeitsrechnung zu beschäftigen. Die Gründe dafür haben teils philosophischen, teils religiösen Charakter. Man kann wohl behaupten, daß wir es in hohem Maße Aristoteles' negativer Haltung dazu verdanken, daß die Wahrscheinlichkeitsrechnung erst so verhältnismäßig spät entwickelt wurde.

Bild 13 Abraham de Moivre (1667–1754) wurde in Frankreich geboren und ausgebildet. Wie viele andere Protestanten flüchtete er nach England, als das Edikt von Nantes 1685 aufgehoben wurde. Dort bestritt er seinen Lebensunterhalt durch Privatunterricht in Mathematik. Newtons *Principia* studierte er, indem er die Seiten einzeln aus dem Buch riß und sie auf dem Weg von einem zum nächsten Schüler las. Die Erstausgabe seines berühmten Buches *The doctrine of chances* widmete er Newton. Auch wenn dieser und die wissenschaftliche Welt überhaupt de Moivres Fähigkeiten und Urteilskraft hoch einschätzten – bei der Beurteilung des Prioritätsstreits zwischen Leibniz und Newton wurde er hinzugezogen –, mußte er sein ganzes Leben hindurch weiterhin Privatunterricht geben. (Bildquelle: Royal Society, London)

Bild 14 Siméon-Denis Poisson (1781–1840). Er studierte Mathematik bei Laplace und Lagrange an der École Polytechnique, wo er 1808 selber Professor wurde. Sein besonderes Interesse galt der Mathematischen Physik. Gegen Ende seines Lebens veröffentlichte er zwei größere Abhandlungen, zum einen die wahrscheinlichkeits-theoretische Arbeit, von der im Text die Rede war, zum anderen die *Recherches sur le mouvement des projectiles dans l'air*, in denen wir ein Beispiel finden, wie wenig Skrupel Poisson hatte, von anderen erzielte Resultate zu benutzen: Eine wichtige Verbesserung in seiner Beschreibung verwendet die Corioliskraft, ohne daß der Name Coriolis erwähnt wird; dabei hatte Poisson selbst Coriolis' Doktorarbeit beurteilt. Sein schlechter Leumund ist daher nicht verwunderlich, und erst lange nach seinem Tod wurde Poissons Einsatz, sowohl rein wissenschaftlich wie auch administrativ, in einem balancierten und etwas günstigerem Licht gesehen.
(Bildquelle: Mme. J. Colomb-Gérard, Paris)

Bild 15 Andrej Nikolajevitj Kolmogorov (1903–1987) ist der wohl einflußreichste sowjetische Mathematiker dieses Jahrhunderts. Er war ungeheuer vielseitig; seine Interessen umfaßten neben den rein mathematischen Gebieten wie Wahrscheinlichkeitstheorie, Logik und Informationstheorie auch Pädagogik und altrussische Kunst. Er verstand es, gute Schüler um sich zu versammeln; diese mußten, so erzählt man, körperlich recht fit sein, um ihrem Lehrer auf den langen Wander- und Skitouren zu folgen, bei denen Kolmogorov mit Vorliebe mathematische Themen diskutierte. Kolmogorov starb am 20. Oktober 1987. Ein lesenswerter Nachruf erschien in *The Times* (London) am 26. Oktober 1987. (Photo: APN)

Bild 16 Ladislaus v. Bortkiewicz (1868–1931), Statistiker, Nationalökonom und Versicherungstheoretiker. Geboren in Petersburg (heute Leningrad), wo er Jura studierte. Er promovierte in Göttingen unter Wilhelm Lexis (s. Übung 33), und arbeitete eine Zeitlang für das russische Verkehrsministerium. Ab 1901 war er Professor der Staatswissenschaft an der Friedrich-Wilhelm-Universität in Berlin. Seine Arbeiten haben nicht die Beachtung gefunden, die sie wohl verdient hätten. Das könnte an seinem Stil liegen, aber auch daran, daß er im Schatten der englischen statistischen Schule stand. (Bilquelle: Technische Universität Berlin)

Bild 17 William Sealy Gosset (1876–1937) wurde nach seiner Studienzeit in Oxford Angestellter der Guinness-Brauerein in Dublin. Dort fand er Interesse an Statistik und veröffentlichte eine Reihe von Abhandlungen unter dem Pseudonym „Student". Seine Einsicht in brauereitechnische Probleme war umfassend, und es gab bei ihm stets einen engen Zusammenhang zwischen seiner statistischen Forschung und seiner praktischen Tätigkeit. Gosset hatte zahlreiche Interessen, darunter Obstanbau (insbesondere Birnenzüchtung!), Schiffszimmermannsarbeiten und mehrere Sportarten. Seine letzten Jahre wurden von den Nachwirkungen eines schweren Motorradunfalls überschattet.

Bild 18 Agner Krarup Erlang (1978–1929) wurde in Lønborg auf Tarm geboren. Viele Dänen kennen seine Tabellenwerke, die in den Schulen sehr verbreitet waren, bevor die Taschenrechner dort ihren Einzug hielten. Von herausragender Bedeutung ist sein Einsatz im Telefonwesen. Er arbeitete seit 1909 für die Kopenhagener Telefon-Aktiengesellschaft (K.T.A.S., Kjøbenhavns Telefon Aktieselskab). Vom Wesen her war Erlang durch philosophischen Gedankengang und religiöse Einstellung geprägt. (Bildquelle: K.T.A.S.)

Bild 19 Geiger (links) und Rutherford in ihrem Laboratorium in Manchester, etwa 1910. (Bildquelle: Manchester University, Physics Department)

Hans Wilhelm Geiger (1882–1945), deutscher Physiker. Er verbrachte die Jahre 1906–1912 in Manchester. Im Jahre 1908 entwickelte er zusammen mit Rutherford einen Vorläufer dessen, was wir heute Geigerzähler oder Geiger-Müller-Zähler nennen. Dessen endgültige Konstruktion geschah in Zusammenarbeit mit Walther Müller, kurz nachdem Geiger 1925 Professor in Kiel geworden war. Der neue Zähler war Voraussetzung für eine Reihe detaillierter Untersuchungen, die Geiger an der kosmischen Strahlung vornahm.

Ernest Rutherford (1871–1937) wurde in Neuseeland geboren. Mit seiner Energie, seinem Enthusiasmus und seiner Erfindungsgabe demonstrierte er schon früh seine Fähigkeiten. So baute er (vor Marconi übrigens) einen Detektor für drahtlose Signale. Im Jahre 1895 kam er nach England und arbeitete unter J. J. Thomson in Cambridge. 1898 wurde er Professor für Physik an der McGill-Universität in Montreal. 1907 ging er nach Manchester und übernahm schließlich im Jahre 1919 Thomsons Professur in Cambridge. Mit seinen Forschungen zur Radioaktivität, seiner Entdeckung der α-Teilchen und der Entwicklung seines Atommodells legte er die Grundlage für die Entwicklung der Kernphysik. Er erhielt den Nobelpreis für Chemie im Jahre 1908.

Bild 20 „Spielt Gott mit Würfeln?" − Einstein und Bohr beim Solvay-Kongress in Brüssel 1930.

Übungen

Übung 1. Sind A und B unabhängige Ereignisse, so sind auch die folgenden Paare unabhängig: A^c und B, A und B^c, A^c und B^c (das kleine „c" bedeutet „Komplement").

Sind A, B und C unabhängige Ereignisse, so auch A^c, B^c und C. (Man versuche, diese Ergebnisse zu verallgemeinern.)

Übung 2. Beim Wurf zweier Würfel seien A, B und C die Ereignisse

    A: das Ergebnis des ersten Würfels ist ungerade
    B. das Ergebnis des zweiten Würfels ist ungerade
    C: die Augensumme ist ungerade.

Man zeige, daß die Paare A und B, A und C sowie B und C jeweils unabhängig sind, daß hingegen A, B und C nicht unabhängig sind.

Übung 3. Ein *Wahrscheinlichkeitsraum* ist ein Paar (Ω, P), wobei Ω (der *Ereignisraum*) eine Menge und P (die *Wahrscheinlichkeitsfunktion*) eine Funktion ist, die jedem *Ereignis* A, d. h. jeder Teilmenge $A \subseteq \Omega$, eine Zahl $P(A)$ so zuordnet, daß die folgenden Axiome erfüllt sind:[16]

$$0 \leqslant P(A) \leqslant 1 \quad \forall A \subseteq \Omega \tag{i}$$

$$P(\Omega) = 1 \tag{ii}$$

$$A \cap B = \emptyset \Rightarrow P(A \cup B) = P(A) + P(B) \tag{iii}$$

$$A_1 \subseteq A_2 \subseteq \dots \Rightarrow P(\textstyle\bigcup_1^\infty A_n) = \lim_{n \to \infty} P(A_n) \tag{iv}$$

$$A_1 \supseteq A_2 \supseteq \dots \Rightarrow P(\textstyle\bigcap_1^\infty A_n) = \lim_{n \to \infty} P(A_n). \tag{v}$$

---

[16] Für Leser, die bereits mit der Wahrscheinlichkeitstheorie vertraut sind, möchte ich diese Vereinfachung mit einem Hinweis auf Solovays Resultat verteidigen, welches u. a. zur Folge hat, daß sich Modelle der Mengenlehre finden lassen, bei denen jede Teilmenge von $\mathbb{R}$ Lebesgue-meßbar (sogar universell meßbar) wird.

Der Leser ist vielleicht nicht gewohnt, (iv) und (v) als Teil der Definition eines Wahrscheinlichkeitsraumes anzusehen. Es sind wichtige Axiome, lediglich bei endlichem Ω überflüssig.

Man zeige:

(a) Ist A_1, A_2, ... eine Folge disjunkter Ereignisse, d.h. $A_i \cap A_j = \emptyset \; \forall \; i \neq j$, so gilt für jedes n

$$P(A_1 \cup A_2 \cup ... \cup A_n) = P(A_1) + P(A_2) + ... + P(A_n).$$

Leser, die mit dem Inhalt von Übung 19 vertraut sind, mögen darüber hinaus zeigen, daß

$$P(A_1 \cup A_2 \cup ...) = P(A_1) + P(A_2) + ... \, .$$

(b) Bei den Axiomen (i) – (v) kann wahlweise (iv) oder (v) weggelassen werden; es gilt nämlich die Äquivalenz (i), (ii), (iii), (iv) $\Leftrightarrow$ (i), (ii), (iii), (v).

Übung 4. Es sei angenommen, daß der Wahrscheinlichkeitsraum (Ω, P) eine unendliche Folge unabhängiger Würfe mit einem unverfälschten Würfel zulasse, d.h. es gebe eine Folge X_1, X_2, ... unabhängiger Zufallsvariabler auf Ω mit

$$P(X_n = 1) = P(X_n = 2) = P(X_n = 3) = P(X_n = 4) = P(X_n = 5) = P(X_n = 6) = \frac{1}{6}$$

für alle n. Man zeige, daß die Wahrscheinlichkeit, bei diesen unendlich vielen Würfen kein einziges Mal eine „Sechs" zu erhalten, gleich Null ist. *Hinweis:* Man verwende (v) aus Übung 3.

Mit W sei die Wartezeit bis zur ersten „Sechs" bezeichnet (W = n bedeutet also, daß beim ersten, zweiten, ..., (n − 1)-sten Wurf keine „Sechs" vorkam, der n-te Wurf aber eine „Sechs" liefert). Man zeige, daß $P(W < \infty) = 1$ und bestimme die Verteilung von W. *Bemerkung:* W − 1 hat eine sogenannte *geometrische Verteilung*.

Übung 5. Unter den Voraussetzungen von Übung 4 sei A_n das Ereignis „der n-te Wurf gibt eine ‚Sechs' ". Man beschreibe in Worten das daraus abgeleitete Ereignis

$$A = \bigcap_{n=1}^{\infty} \bigcup_{m=n}^{\infty} A_m$$

und berechne $P(A)$.

Übung 6. Man zeige, daß die Verteilungsfunktion F einer Zufallsvariablen X folgende Eigenschaften hat:

$$x_1 \leqslant x_2 \Rightarrow F(x_1) \leqslant F(x_2)$$

$$\lim_{x \to -\infty} F(x) = 0, \quad \lim_{x \to \infty} (F(x) = 1$$

$$F \text{ ist stetig in } x \Leftrightarrow P(X = x) = 0.$$

Man sagt, X habe eine *stetige Verteilung*, wenn die zugehörige Verteilungsfunktion stetig ist. Man gebe Beispiele stetiger Verteilungen an.

Übung 7. Sei X eine Zufallsvariable. Als *Träger* der Verteilung von X wird die Menge derjenigen $x \in \mathbb{R}$ bezeichnet, für die $P(x - \epsilon < X < x + \epsilon) > 0$ ist für jedes $\epsilon > 0$.

Man zeige, daß der Träger eine *abgeschlossene* Teilmenge von $\mathbb{R}$ ist, daß also mit jeder konvergenten Folge von Punkten des Trägers auch der Grenzwert zum Träger gehört.

Man bestimme den Träger in den folgenden drei Beispielen:

X ist die Augenzahl eines Würfels
X ist Poisson-verteilt mit Parameter λ
X ist exponentialverteilt mit Parameter λ.

Übung 8. Sei X eine Zufallsvariable mit der Verteilungsfunktion F und dem Träger D, von dem wir annehmen wollen, daß er ein Intervall ist (also von der Form $]-\infty, \infty[$, $]-\infty, b]$, $[a, \infty[$ oder $[a, b]$).

Sei $x \in \mathbb{R}$, und x sei kein Randpunkt von D. Wir sagen, daß die *Dichte* der Verteilung in x den Wert α hat, wenn für kleine Intervalle I, die x enthalten, die Beziehung

$$P(X \in I) \approx \alpha \cdot (\text{Länge von I})$$

erfüllt ist. Ausführlicher bedeutet das, daß für jede Folge von Intervallen $([y_n, z_n])_{n \geqslant 1}$ mit $y_n \leqslant x \leqslant z_n$, $y_n < z_n$ und $\lim_{n \to \infty} (z_n - y_n) = 0$ gilt

$$\lim_{n \to \infty} \frac{P(X \in [y_n, z_n])}{z_n - y_n} = \alpha.$$

Man zeige, daß diese Dichte in x genau dann existiert, wenn F in x differenzierbar ist; in diesem Fall hat die Dichte den Wert $F'(x)$.

Wenn die Dichte in jedem Punkt x, der nicht auf dem Rand von D liegt, existiert, und wenn die (höchstens zwei) Randpunkte von D nur mit Wahrscheinlichkeit 0 angenommen werden, sagt man, die Verteilung besitze eine *Dichtefunktion*, und das ist gerade die Funktion, die x den Wert der Dichte in x zuordnet. Häufig verwendet man den Buchstaben f für die Dichtefunktion, also $f = F'$. Da die Dichtefunktion außerhalb des Trägers Null ist (!), wird sie häufig nur im Innern des Trägers spezifiziert, d. h. für die Punkte des Trägers, die nicht auf dem Rand liegen.

Man zeige, daß jede Verteilung mit Dichtefunktion stetig ist.

Man zeige, daß die Verteilung einer Zufallsvariablen mit einer im Innern des Trägers stetigen Dichtefunktion durch diese bereits vollständig bestimmt ist.

Man zeige, daß jede Exponentialverteilung eine Dichtefunktion besitzt und bestimme diese.

Die *Gleichverteilung* über dem Intervall $[a, b]$ ist definiert als die Verteilung mit der Dichtefunktion

$$f(x) = (b - a)^{-1}, \quad a < x < b.$$

Man zeichne ein Bild der zugehörigen Verteilungsfunktion.

Übung 9. In dieser und den vier nächsten Übungen werden wir uns etwas näher mit dem Erwartungswert von Zufallsvariablen befassen. Wir beschränken uns dabei auf nicht-negative Zufallsvariable. Das ist erstens technisch einfacher, und außerdem sind alle im Haupttext vorkommenden Zufallsvariablen nicht-negativ.

Sei (Ω, P) ein Wahrscheinlichkeitsraum und $X \geqslant 0$ eine auf Ω definierte Zufallsvariable.

Wir nehmen an, daß X diskret ist, daß also (siehe Kapitel 3) eine abzählbare Menge $A \subseteq [0, \infty[$ existiert mit $P(X = a) > 0$ für alle $a \in A$ und $P(X \in A) = 1$. Die Elemente von A nennen wir die für X *möglichen Werte*. (Ist X etwa die Augenzahl eines normalen Würfels, sind 1, 2, 3, 4, 5, 6 die möglichen Werte; ist X die Anzahl der radioaktiven Zerfälle bis zur Zeit t, also $X = N(t)$, sind 0, 1, 2, 3, ... die möglichen Werte). Ist A endlich, können wir die Elemente von A durchnumerieren: $A = \{a_1, ..., a_n\}$. Andernfalls ist A *abzählbar* unendlich, also eine Aufzählung der Form $A = \{a_1, a_2, ...\}$ möglich. Beide Fälle können wir zusammenfassen, indem wir sagen, A besteht aus den Elementen a_i, $i = 1, 2, ...$ und dabei zulassen, daß diese Aufzählung abbricht. Den Erwartungswert von X definieren wir nun durch die Gleichung[17]

$$E(X) = \sum_i a_i \cdot P(X = a_i). \tag{i}$$

Sei $B_1, B_2, ...$ eine Klasseneinteilung von Ω, so daß X auf den Mengen B_k konstant ist (d. h. $\forall\, k\; \exists\, i\; \forall\, \omega \in B_k : X(\omega) = a_i$). Man zeige, daß dann

$$E(X) = \sum_k X(B_k) \cdot P(B_k). \tag{ii}$$

Dies benutze man zum Beweis der intuitiv einleuchtenden Aussage, daß für zwei nicht-negative diskrete Zufallsvariable X und Y, die auf dem gleichen Wahrscheinlichkeitsraum definiert sind, die Gleichung

$$E(X + Y) = E(X) + E(Y) \tag{iii}$$

gilt.

Hinweis: Mit $a_1, a_2, ...$ seien die möglichen Werte von X, mit $b_1, b_2, ...$ die von Y bezeichnet. Der Einfachheit halber sei angenommen, daß für alle $\omega \in \Omega\; X(\omega) \in \{a_i\,|\,i = 1, 2, ...\}$ und $Y(\omega) \in \{b_j\,|\,j = 1, 2, ...\}$ (man überlege, warum das keine Einschränkung der Aussage nach sich zieht). Man verwende nun die Klasseneinteilung $B_{ij} := \{\omega \in \Omega \mid X(\omega) = a_i, Y(\omega) = b_j\}$, $i, j = 1, 2, ...\,$.

---

[17]Ist diese Summe nicht konvergent, setzt man $E(X) = \infty$. Die Überlegungen dieser Aufgabe gelten auch für Zufallsvariable mit unendlichem Erwartungswert. Da solche Zufallsvariable bei unseren konkreten Problemen gar keine Rolle spielen, sollte der Leser ohne weiteres annehmen, daß alle hier vorkommenden Zufallsvariablen einen endlichen Erwartungswert besitzen. Für Interessierte sei als Beispiel einer Zufallsvariablen mit unendlichem Mittelwert die Wartezeit eines Elternpaares genannt, bis sie *genau* gleich viele Jungen und Mädchen haben.

Bemerkung: Bei abzählbarem Ω gilt die Formel

$$E(X) = \sum_{\omega \in \Omega}' X(\omega) \cdot P(\{\omega\}) \tag{iv}$$

(vgl. (ii)). Aus (iv) läßt sich (iii) leicht herleiten.

Übung 10. Sei $X \geqslant 0$ eine diskrete Zufallsvariable und $A = \{a_1, a_2, a_3, \ldots\}$ die Menge der möglichen Werte für X, die wir uns geordnet denken, d. h. $a_1 < a_2 < a_3 < \ldots$ (eine für uns unerhebliche Einschränkung an A).

Man zeichne ein Bild der Funktion $1 - F(x)$, $x \geqslant 0$, wobei F die zu X gehörige Verteilungsfunktion sei.

Man zeige, daß

$$E(X) = \int_0^\infty (1 - F(x)) \, dx.$$

Übung 11. Man versuche zu verstehen, daß die Formel

$$E(X) = \int_0^\infty (1 - F(x) \, dx = \int_0^\infty P(X > x) \, dx \tag{i}$$

für jede nicht-negative Zufallsvariable gültig ist, und benutze diese Formel zur Berechnung des Erwartungswertes exponentialverteilter sowie gleichverteilter Zufallsvariabler.

Bemerkung: Diese Aufgabe kann man auf verschiedene Weise angehen. Beispielsweise so: Wird jeder nicht-negativen Zufallsvariablen ein Wert $E(X) \in [0, \infty]$ so zugeordnet, daß

$$E(X) = \text{der übliche Erwartungswert für diskretes X} \tag{ii}$$

$$X \leqslant Y \Rightarrow E(X) \leqslant E(Y) \tag{iii}$$

$$E(X + Y) = E(X) + E(Y), \tag{iv}$$

so ist E durch (i) gegeben. Um dieses Programm durchzuführen, definiere man für jedes n approximierende diskrete Zufallsvariable Y_n und Z_n durch

$$Y_n(\omega) = \frac{k}{n} \text{ für alle } \omega \text{ mit } \frac{k}{n} \leqslant X(\omega) < \frac{k+1}{n}, \ k = 0, 1, 2, \ldots$$

$$Z_n(\omega) := Y_n(\omega) + \frac{1}{n}.$$

Bei genauer Analyse wird man auf die Schwierigkeit stoßen, daß es nicht ganz klar ist, was man unter Integralen wie in (i) zu verstehen hat. Hat man genügend Energie, sollte man sich dieses Problems zunächst annehmen, indem man diese Integrale geeignet definiert, etwa wiederum durch einen passenden Approximationsprozeß. Ein sehr aufmerksamer Leser wird im übrigen bemerken, daß (iv) überflüssig ist (folgt aus (ii) und (iii)).

Übung 12. Man zeige, daß für jede nicht-negative Zufallsvariable mit endlichem Erwartungswert

$$\lim_{x \to \infty} P(X > x) \cdot x = 0.$$

Hinweis: Die Fläche des durch x-Achse, y-Achse und die Funktion $P(X > x)$ begrenzten Areals ist endlich. Eine geometrische Überlebung zeigt nun, daß es kein $\epsilon > 0$ geben kann, für welches

$$P(X > x) \cdot x \geqslant \epsilon$$

für beliebig große Werte von x gelten kann.

Als nächstes beweise man, daß, sofern $X \geqslant 0$ eine stetige Dichtefunktion f auf $[0, \infty[$ besitzt, die Formel

$$E(X) = \int_0^\infty x \, f(x) \, dx$$

gültig ist.

Hinweis: Im Integral $\int_0^x P(X > t) \, dt$ gebrauche man partielle Integration und lasse dann $x \to \infty$. Zur Kontrolle berechne man hiermit den Erwartungswert exponential- oder gleichverteilter Zufallsvariabler.

Bemerkung: Die Form $E(X) = \int_{-\infty}^\infty x \, f(x) \, dx$ gilt auch für Zufallsvariable, die negative Werte annehmen können, sofern $E|X| < \infty$ und X die Dichte f besitzt.

Übung 13. Für eine Zufallsvariable X mit Erwartungswert μ definiert man die Varianz $\sigma^2(X)$ als mittlere quadratische Abweichung von μ, d. h.

$$\sigma^2(X) := E[(X - \mu)^2].$$

Die (positive) Quadratwurzel $\sigma(X)$ der Varianz wird *Standardabweichung* von X genannt. Man zeige

$$\sigma^2(X) = E(X^2) - (E(X))^2.$$

Für eine poissonverteilte Zufallsvariable mit Parameter λ gilt

$$E(X) = \sigma^2(X) = \lambda,$$

und für ein exponentialverteiltes X mit Parameter λ ist

$$E(X) = \sigma(X) = \frac{1}{\lambda}.$$

Übung 14. Für unabhängige Zufallsvariable X und Y gilt

$$E(X \cdot Y) = E(X) \cdot E(Y), \qquad\qquad\qquad\qquad\qquad (i)$$

$$\sigma^2(X + Y) = \sigma^2(X) + \sigma^2(Y). \qquad\qquad\qquad\qquad (ii)$$

Anhand einfacher Beispiele zeige man, daß die Unabhängigkeit in beiden Fällen wesentlich ist.

Hinweis: (ii) folgt aus (i), aber (i) ist nicht ganz leicht einzusehen. Eventuell kann man sich mit der Bemerkung begnügen, daß (i) jedenfalls für Erfolgsvariable ($\{0,1\}$-wertige Zufallsvariable) zutrifft. Zufriedenstellender ist es sicherlich, die Gültigkeit von (i) für beliebige diskrete Zufallsvariable einzusehen. Dabei ist es bequem, die Schreibweise 1_H für die Erfolgsvariable des Ereignisses H zu verwenden ($1_H(\omega) = 1$ für $\omega \in H$, $1_H(\omega) = 0$ für $\omega \in H^c$). Sind X und Y diskret, lassen sie sich in der Form

$$X = \Sigma a_i \, 1_{A_i}, \quad Y = \Sigma b_j \, 1_{B_j}$$

schreiben, wobei a_i die möglichen Werte von X, b_j die von Y sind. Multiplikation dieser Ausdrücke ergibt eine Formel gleichen Typs für $X \cdot Y$ und die vorausgesetzte Unabhängigkeit führt zu (i). Der Schritt von diskreten zu beliebigen Zufallsvariablen ist nicht mehr sehr groß (vgl. Übung 11).

Übung 15. (i) Man beweise *Chebyshevs Ungleichung*

$$P(|X - \mu| \geqslant \epsilon) \leqslant \frac{\sigma^2(X)}{\epsilon^2},$$

gültig für jede Zufallsvariable X mit existierendem Erwartungswert μ und jedes positive ϵ.

(ii) Man beweise das *Gesetz der großen Zahlen* (in der sogenannten schwachen Form): Für jede Folge $X_1, X_2, \ldots$ unabhängiger und identisch verteilter Zufallsvariabler mit Erwartungswert μ gilt, daß die Wahrscheinlichkeit

$$P\left(\left| \frac{X_1 + \ldots + X_n}{n} - \mu \right| \geqslant \epsilon \right)$$

gegen Null konvergiert für jedes positive ϵ.

Was bedeutet das im Spezialfall von Erfolgsvariablen?

Hinweis: (i) Zunächst zeige man, daß für eine nicht-negative Zufallsgröße Y mit $Y(\omega) \geqslant \alpha$ für alle $\omega \in A$ die Ungleichung $E(Y) \geqslant \alpha \cdot P(A)$ gilt. Dies wende man auf $Y = (X - \mu)^2$, $\alpha = \epsilon^2$ und $A = \{|X - \mu| \geqslant \epsilon\}$ an. Man erhält (ii) mit Hilfe von (i) und Übung 14, (ii). [Für den so skizzierten Beweis ist $\sigma^2(X_1) < \infty$ vorauszusetzen, die Aussage gilt jedoch auch bei unendlicher Varianz.]

Übung 16. Sei V eine exponentialverteilte Zufallsvariable. Man zeige, daß für alle $s > t$ und $t > 0$

$$P(V \geqslant t + s \mid V \geqslant s) = P(V \geqslant t). \qquad\qquad\qquad\qquad (i)$$

Man zeige ferner, daß die Exponentialverteilung durch diese Eigenschaft charakterisiert wird.

Hinweis: Die Funktion $t \mapsto -\log P(V \geq t)$ auf $[0, \infty[$ wächst monoton, und Gleichung (i) ergibt eine Beziehung zwischen den Funktionswerten in t, s und t + s.

Die Wartezeit auf ein gewisses Ereignis (z. B. einen radioaktiven Zerfall) werde als exponentialverteilt angenommen. Man führt 100 Versuche durch und findet, daß man bei ungefähr der Hälfte davon mindestens 10 Sekunden auf das Eintreffen des Ereignisses zu warten hatte. Danach unternimmt man soviele Versuche, bis die Wartezeit genau 100mal mindestens eine Minute beträgt. (Etwa 6000–7000 Versuche sind dafür notwendig!) Man zeige, daß man in ca. der Hälfte dieser 100 Versuche mit hoher Wartezeit, wo also innerhalb einer Minute noch kein Ereignis eingetreten ist, mit mindestens weiteren 10 Sekunden bis zum Eintreffen des Ereignisses (Zerfalls) zu rechnen hat.

Bemerkung: Die Eigenschaft (i) und obenstehende Auslegung zeigen, daß ein System, in das eine exponentialverteilte Wartezeit eingeht, sich verhält, als sei es vollständig unbeeinflußt, solange kein Ereignis eingetroffen ist. Es gibt also weder einen Alterungs- noch einen Reifungseffekt. Genau dieses Verhalten erwarten wir von einem spontanen Phänomen. Diese Übung steht also gewissermaßen im Zentrum der Themenstellung des vorliegenden Buches. Als Ergebnis wollen wir festhalten: *Die Wartezeit auf ein spontanes Ereignis ist exponentialverteilt.*

Übung 17. Als wir die in einem radioaktiven Prozeß beobachteten Daten mit einer Poissonverteilung in Übereinstimmung bringen wollten, wählten wir als Parameter λ_b (siehe Kapitel 10). Ziel dieser Übung ist es, nachzuweisen, daß dies die bestmögliche Parameterwahl ist, wenn wir eine bestimmte übergeordnete Betrachtungsweise akzeptieren, die *Maximum-likelihood-Methode.*

Ausgangspunkt ist eine *Stichprobe vom Umfang* N aus einer Poissonverteilung mit unbekanntem Parameter λ. Damit ist gemeint, daß N beobachtete Zahlen $x_1, ..., x_N$ vorliegen, die als Realisationen von unabhängigen Zufallsvariablen $X_1, ..., X_N$ aufgefaßt werden können, die alle der gleichen Poissonverteilung folgen, d. h. es gibt ein Elementarereignis $\omega \in \Omega$, so daß[18]

$$x_1 = X_1(\omega), \quad x_2 = X_2(\omega), \quad ..., \quad x_N = X_N(\omega).$$

Aufgabe ist, aufgrund der beobachteten Zahlen, also aufgrund der Stichprobe $x_1, ..., x_N$, eine *Schätzung* für den Parameter λ anzugeben.

Man berechnet nun für *jeden* Wert von $\lambda > 0$ die Größe

$$L(\lambda) = \text{Wahrscheinlichkeit, daß } X_1 = x_1, X_2 = x_2, ..., X_N = x_N, \text{ unter der Voraussetzung, daß } \lambda \text{ der zugrundeliegende Parameter ist,}$$

also die Wahrscheinlichkeit, genau die vorliegende Stichprobe zu erhalten, wenn λ der richtige Parameterwert ist.

---

[18]Eine ausführliche Diskussion des Stichprobenbegriffs findet man in Kapitel 17.

Die Funktion $\lambda \mapsto L(\lambda)$ heißt *Likelihood-Funktion*. Bei vorliegenden Beobachtungen $x_1, ..., x_N$ hängt sie nur noch von λ ab. Wenn es einen eindeutig bestimmten Wert $\hat{\lambda}$ gibt, an dem die Likelihood-Funktion maximal wird, so wird $\hat{\lambda}$ *Maximum-likelihood-Schätzung* für λ genannt.

Man berechne $L(\lambda)$ und zeige, daß $\hat{\lambda}$ existiert und durch

$$\hat{\lambda} = \frac{x_1 + x_2 + ... + x_N}{N}$$

gegeben ist.

Hinweis: Hier wie in vielen anderen Situationen ist es bequemer, $\hat{\lambda}$ als Minimum der Funktion $\lambda \mapsto -\log L(\lambda)$ zu bestimmen. Man beachte, daß jeder Faktor oder Summand in dieser Funktion, der nur von den x_i abhängt, als konstant anzusehen ist.

Man zeige, daß die gefundene Schätzung mit der in Formel (34) angegebenen übereinstimmt.

Übung 18. Bekanntlich ist eine Zahlenfolge $a_1, a_2, ...$ *konvergent* mit *Grenzwert* a genau dann, wenn für jedes $\epsilon > 0$ ein n_0 existiert, so daß für alle $n \geq n_0$ die Ungleichung $|a_n - a| \leq \epsilon$ gilt. In loser Formulierung besagt diese Bedingung, daß sich, wie genau auch immer man mißt, die Zahlenfolge schließlich wie die Konstante a auffassen läßt.

Man zeige, daß für jedes reelle x die Zahlenfolge $(x^n/n!)_{n \geq 0}$ konvergent ist mit dem Grenzwert Null:

$$\lim_{x \to \infty} \frac{x^n}{n!} = 0.$$

(Dieses Resultat läßt sich in Übung 20 verwenden.)

Übung 19. Ziel dieser und der nächsten Übung ist es, einige elementare Kenntnisse über unendliche Reihen zu vermitteln und ein konkretes Resultat zu beweisen, das im Haupttext gebraucht wurde.

Es seien $a_0, a_1, ...$ reelle Zahlen. Das Symbol $a_0 + a_1 + ...$, oder abgekürzt $\sum\limits_{n=0}^{\infty} a_n$, noch kürzer $\sum\limits_{0}^{\infty} a_n$, wird eine *unendliche Reihe* genannt. Die a_n nennt man die *Glieder* dieser Reihe. Der unendlichen Reihe ordnet man ihre sogenannte *Abschnittsfolge* $(s_n)_{n=0,1,2,...}$ zu, definiert durch

$$s_n = \sum_{0}^{n} a_k = a_0 + a_1 + ... + a_n, \quad n \geq 0.$$

Ist diese Abschnittsfolge konvergent mit dem Grenzwert $s \in \mathbb{R}$, ist also $\lim\limits_{n \to \infty} s_n = s$, nennt man die unendliche Reihe $\sum\limits_{0}^{\infty} a_n$ *konvergent* und schreibt ihr die *Summe* s zu. Das spiegelt sich in der Schreibweise

$$\sum_{0}^{\infty} a_n = s \quad \text{oder} \quad a_0 + a_1 + a_2 + ... = s$$

111

wider. Ist $\sum\limits_{0}^{\infty} a_n$ konvergent, fassen wir $\sum\limits_{0}^{\infty} a_n$ also als eine bestimmte Zahl auf, nämlich als Summe der Reihe.

Man zeige, daß die geometrische Reihe $\sum\limits_{0}^{\infty} x^n$ für jeden Wert x im Intervall $-1 < x < 1$ konvergiert, und zwar mit der Summe

$$\sum_{0}^{\infty} x^n = \frac{1}{1-x},$$

oder in anderer Schreibweise

$$1 + x + x^2 + \ldots = \frac{1}{1-x}. \tag{i}$$

Bemerkung: Der eine oder andere mag sich über den Einsatz wundern, der zum Beweis von (i) aufgewendet wurde, und vielleicht einwenden, (i) sei trivial. Multipliziert man nämlich die Reihe mit x, erhält man $x + x^2 + x^2 + \ldots$, und subtrahiert man das von der Reihe, bleibt gerade 1 übrig. Formel (i) folgt also, und zwar für alle $x \neq 1$. Beispielsweise ergibt sich für $x = -1$ das Ergebnis $1 - 1 + 1 - 1 + - \ldots = \frac{1}{2}$. Daran sind nun aber Zweifel erlaubt, denn einerseits ist $1 - 1 + 1 - 1 + \ldots = (1-1) + (1-1) + (1-1) + \ldots = 0$, andererseits $1 - 1 + 1 - 1 + - \ldots = 1 + (-1+1) + (-1+1) + \ldots = 1$. Ganz schlimm wird es, wenn wir die Formel auf $x = 2$ anwenden. *Moral:* Operationen, die für endlich viele Zahlen erlaubt sind, lassen sich nicht „ungestraft“ auf unendlich viele Zahlen übertragen. Man muß zunächst genau spezifizieren, was solche Operationen bedeuten, und hat dann aus diesen Definitionen die Eigenschaften herzuleiten, die für diese neuen Begriffe (noch) Gültigkeit haben.

Übung 20. Man zeige, daß für jedes $n = 0, 1, 2, \ldots$ und für jede reelle Zahl x die Formel

$$e^x = \sum_{k=0}^{n} \frac{x^k}{k!} + r_n(x)$$

gilt, also

$$e^x - 1 - \frac{x}{1!} - \frac{x^2}{2!} - \frac{x^3}{3!} - \ldots - \frac{x^n}{n!} = r_n(x)$$

mit

$$r_n(x) = \frac{1}{n!} \int_0^x (x-t)^n e^t \, dt.$$

Als nächstes zeige man, daß für jedes reelle x

$$e^x = \sum_{0}^{\infty} \frac{x^n}{n!}.$$

Man sagt, $\sum_{0}^{n} x^k/k!$ sei das n-te *approximierende Polynom* zu e^x. Man zeige, daß dieses sich als dasjenige Polynom höchstens n-ten Grades charakterisieren läßt, das für $x = 0$ mit e^x übereinstimmend und für das auch die erste, zweite, ..., n-te Ableitung in 0 gleich den entsprechenden Werten der Exponentialfunktion sind. Die unendliche Reihe $\sum_{0}^{\infty} x^k/k!$ heißt *Taylorreihe* von e^x.

Zur näherungsweisen Berechnung von e^x läßt sich das n-te approximierende Polynom gut verwenden; der Fehler, den man begeht, wenn man e^x durch den Wert dieses Polynoms ersetzt, ist ja gerade $r_n(x)$, und $r_n(x)$ läßt sich leicht abschätzen. Man tue das und berechne so e auf zwei Dezimalstellen.

Wer dazu Lust hat, sei aufgefordert, die obigen Überlegungen dahingehend zu verallgemeinern, daß sie nicht nur für die Exponentialfunktion gelten. Beispielsweise betrachte man die Funktionen $f(x) = \sin x$, $f(x) = \cos x$, $f(x) = ln(1 + x)$ und $f(x) = (1 - x)^\alpha$ (letztere vergleiche man für $\alpha = -1$ mit Übung 19).

Übung 21. Aus den Annahmen $A_1 - A_4$ leite man direkt, also ohne Satz 1 zu benutzen, die Gleichung $E(N(I)) = s \cdot \lambda$ für jedes Intervall I der Länge s ab [Gl. (12)].

Hinweis: Zunächst betrachte man den Fall $s = 1/n$, $n \in \mathbb{N}$, danach nehme man s als rationale Zahl an und behandle abschließend den allgemeinen Fall.

Übung 22. Man zeige, daß die Regularitätsbedingung A_4 bei einem Poissonprozeß erfüllt ist. *Hinweis:* Zeige Gl. (23)![19]

Übung 23. Beim Berechnen von Wahrscheinlichkeiten und Erwartungswerten läßt sich oft eine Methode erfolgreich anwenden, die man „Berechnung durch Aufspaltung in mögliche Ursachen" nennen kann; man spricht auch vom „Gesetz der totalen Wahrscheinlichkeit". Ausgangspunkt ist eine Klasseneinteilung (B_j) des Wahrscheinlichkeitsraumes Ω. Der Index durchläuft dabei eine endliche (oder abzählbar unendliche) Indexmenge. Das Ereignis B_j ist die „j-te Ursache". Die B_j sind paarweise disjunkt und füllen zusammen den Raum Ω aus.

---

[19] Von den anderen Bedingungen ist A_1 am schwierigsten nachzuweisen. Um die Reichweite von A_1 zu illustrieren, sei folgendes angeführt: Sei τ eine positive Zahl. Man definiere zwei weitere Zufallsvariable K und V durch $t_{K-1} \leqslant \tau < t_K$, $V = t_K - \tau$. Aufgrund von A_1 ist V exponentialverteilt mit Parameter λ und hat deshalb den Erwartungswert $1/\lambda$. Das kann paradox wirken, insofern als ja das *ganze* Intervall $[t_{K-1}, t_K]$ die Länge v_K hat und alle Wartezeiten $v_1, v_2, \ldots$ gleichfalls den Erwartungswert $1/\lambda$ besitzen. Eine ausführliche Diskussion solcher „Wartezeitparadoxien" findet man in Feller [10], Band II, § I.4, wo unter anderem bewiesen wird, daß $E(v_K) = 2/\lambda$!

Für jedes Ereignis A und für jede Zufallsvariable X (mit endlichem Erwartungswert) gelten die Formeln

$$P(A) = \sum_j P(B_j)\, P(A \mid B_j)$$

$$E(X) = \sum_j P(B_j)\, E(X \mid B_j).$$

Man beweise dieses und zeige, daß sich die erste Formel als Spezialfall der zweiten auffassen läßt.

Übung 24. Bei einem Poissonprozeß $(N(t))_{t>0}$ der Intensität λ nehme man an, daß die zugehörigen Ereignisse nur mit der Wahrscheinlichkeit p entdeckt werden. Mit $(N_e(t))_{t>0}$ sei der Prozeß der entdeckten Ereignisse im Zeitintervall $]0, t]$ bezeichnet. Man zeige, daß $(N_e(t))_{t>0}$ ein Poissonprozeß der Intensität $p \cdot \lambda$ ist.

Hinweis: Man bedenke, daß (i), (ii) und (iii) von Satz 1 nachzuweisen sind. Man beschränkte sich vielleicht auf den Nachweis von (i). Dazu läßt sich Übung 23 verwenden, indem man für festes k als j-te Ursache das Ereignis „$N(t) = k + j$" bezeichnet, $j = 0, 1, 2, \dots$.

Übung 25. Es sei $N(t))_{t>0}$ die Superposition der unabhängigen Poissonprozesse $(N_1(t))_{t>0}$ und $(N_2(t))_{t>0}$ mit den Intensitäten λ_1 bzw. λ_2. Man zeige, daß $(N(t))_{t>0}$ wieder ein Poissonprozeß ist, und zwar mit der Intensität $\lambda_1 + \lambda_2$.

Übung 26. Es sei $(N(t))_{t>0}$ ein Poissonprozeß der Intensität λ. Sei $0 < t < T$ und $K \in \mathbb{N}$. Es ist naheliegend zu vermuten, daß $N(t)$ unter der Bedingung $N(T) = K$ binomialverteilt ist; genauer:

$$P(N(t) = k \mid N(T) = K) = \binom{K}{k} \cdot \left(\frac{t}{T}\right)^k \cdot \left(1 - \frac{t}{T}\right)^{K-k}, \quad k = 0, 1, \dots, K.$$

Ist das richtig?

Bemerkung: In der Tat ist das richtig und der Beweis dieser Aussage läßt sich unschwer so arrangieren, daß man das allgemeinere Resultat erhält, welches besagt, daß für ein beliebiges Intervall $I \subseteq [0, T]$ der Länge t die zufällige Anzahl $N(I)$ unter der Bedingung $N(T) = K$ binomialverteilt mit den Parametern K, t/T ist.

Diese Beziehung ergibt sich auch aus einem anderen stochastischen Modell. Es seien nämlich $X_1, X_2, \dots, X_K$ unabhängige Zufallsvariable, die alle gleichverteilt über dem Intervall $[0, T]$ sind. Für ein Intervall $I \subseteq [0, T]$ der Länge t sei $A(I)$ die Anzahl der Indizes $\nu \leqslant K$, für die $X_\nu \in I$; dann ist $A(I)$ binomialverteilt mit den Parametern K, t/T.

Stellt man die beiden Modelle gegenüber, so liegt der Schluß nahe, daß sich bei einem Poissonprozeß die Ankunftszeiten $t_1, t_2, \dots, t_K$ unter der Bedingung $N(T) = K$ wie unabhängige gleichverteilte Zufallsvariable über $[0, T]$ verhalten, lediglich der Größe nach angeordnet.

114

Diese Vermutung läßt sich exakt beweisen. Das Resultat ist wichtig, gibt es uns doch eine qualitative Methode in die Hände bei einer statistischen Untersuchung von Daten, bei denen man einen zugrundeliegenden Poissonprozeß als natürliches Modell ansieht – die Treppenfunktion $t \mapsto N(t)$ soll ja im großen und ganzen wie eine gerade Linie aussehen, die $(0, 0)$ mit $(T, N(T))$ verbindet. Für einen auf dieser Idee basierenden quantitativen Test kann man $[0, T]$ in passende Intervalle aufteilen und dann einen χ^2-test durchführen. Ob man hierbei von den oben erwähnten gleichverteilten bzw. binomialverteilten Zufallsvariablen ausgeht, ist zweitrangig. Sowohl die erwarteten als auch die beobachteten Zahlen (die N_k und N_k^* in der Schreibweise von Kapitel 17) stimmen nämlich überein.

Übung 27. Sei N eine feste natürliche Zahl und seien X_1, X_2, ..., X_N Zufallsvariable. Wir stellen uns die X_i als Anzahlen von Partikeln im „i-ten Gebiet" vor, wobei die N Gebiete, an die wir denken, gleich groß sein sollen (das könnten etwa Quadrate auf einem entsprechend unterteilten Objektglas sein, Teile des Weltraums beim Sternezählen, oder Einteilungen eines Naturschutzgebietes für das Zählen der dort vorhandenen Tiere). Eine weitere Zufallsvariable M gebe die Gesamtzahl der Partikel in den N Gebieten an.

Wir nehmen M als poissonverteilt mit Parameter λ an. Außerdem sei die bedingte Verteilung der X_i bei gegebenem M eine Binomialverteilung mit den Parametern M, $1/N$. Das läßt sich auch so formulieren: Für jedes $m \in \{1, 2, ...\}$, $n \in \{0, 1, ... m\}$ und $i \in \{1, 2, ..., N\}$ gilt

$$P(X_i = n \mid M = m) = \binom{m}{n} \left(\frac{1}{N}\right)^n \left(1 - \frac{1}{N}\right)^{m-n}.$$

Für $n = 0$ sei $P(X_i = 0 \mid M = 0) = 1$.

Man zeige, daß die X_i poissonverteilt mit Parameter λ/N sind.

Bemerkung: Durch das obenstehende Modell ist die stochastische Struktur der X_i noch nicht vollständig festgelegt; das ist indes der Fall, wenn zusätzlich deren Unabhängigkeit angenommen wird.

Übung 28. Die Zufallsvariable X sei poissonverteilt mit Parameter λ. Für welches k wird $P(X = k)$ maximal?

Übung 29. Bei einem Poissonprozeß $N(t))_{t > 0}$ bestimme man für $0 < t_1 < t_2$ und ganze Zahlen k_1, $k_2 \geqslant 0$ die Wahrscheinlichkeit

$$P(N(t_1) = k_1, \ N(t_2) = k_2).$$

Übung 30. Bei einem Poissonprozeß $(N(t))_{t > 0}$ bestimme man den Erwartungswert der n-ten Eintreffzeit als Funktion der Intensität.

Übung 31. Sei $(N(t))_{t > 0}$ ein Poissonprozeß mit Intensität λ. Für $\tau > 0$ und natürliche Zahlen K, N leite man eine Formel für die Wahrscheinlichkeit her, daß in mindestens einem der N Zeitintervalle $[0, \tau[, [\tau, 2\tau[, ..., [(N-1)\tau, N\tau[$ K oder mehr Ereignisse stattfinden. Sodann diskutiere man, inwieweit sich diese Wahrscheinlichkeit als Signifikanzniveau eines Tests auffassen läßt, bei dem man untersuchen will, ob es so große Häufungen von Ereignissen gegeben hat, daß das Modell eines Poissonprozesses nicht mehr aufrechterhalten werden kann. *Hinweis:* Man benutze den Gedankengang von Kapitel 17, wonach das Signifikanzniveau eines Tests die Wahrscheinlichkeit ist – berechnet unter der Modellannahme –, ein mindestens so „extremes" Ergebnis wie das faktisch beobachtete zu erzielen.

In einem konkreten Beispiel wurden an einer Straße innerhalb von 37 Minuten 288 vorbeifahrende Autos registriert (siehe Beispiel 6). Bei einer Unterteilung in 74 Intervalle von je $\frac{1}{2}$ Minute stellte sich 14 als die größte Anzahl in einem dieser Intervalle heraus. Man führe einen Test wie oben skizziert durch und diskutiere, ob sich das Modell eines Poissonprozesses aufrechterhalten läßt, welches ja primär auf spontanen Ereignissen basiert.

Übung 32. Es seien v_0, v_1, v_2, ... unabhängige nicht-negative Zufallsvariable, die alle die gleiche stetige Verteilung haben. Wir stellen uns unter den v_i Wartezeiten vor, setzen aber nicht voraus, daß sie exponentialverteilt sind. Etwas expliziter sei etwa v_0 „meine" Wartezeit, v_1, v_2, ... die Wartezeit meiner Mitbürger; der zuerst aufgesuchte Mitbürger habe die Wartezeit v_1, der nächste die Wartezeit v_2, usw.

Die Zufallsgröße X werde nun definiert als kleinste natürliche Zahl n, für welche $v_n > v_0$. X gibt also an, wie lange ich suchen muß, bis ich einen Menschen gefunden habe, dem es insofern schlechter geht als mir, als er eine längere Wartezeit hat als ich. Man zeige, daß

$$P(X = n) = \frac{1}{n(n+1)}, \quad n = 1, 2, 3, ..., \tag{i}$$

unabhängig von der speziellen Verteilung der v_i.

Hinweis: Man drücke das Ereignis $\{X > n\}$ mittels der Zufallsvariablen v_0, v_1, ..., v_n aus und berechne damit $P(X > n)$.

Als nächstes zeige man

$$E(X) = \infty. \tag{ii}$$

Bemerkungen: Dies Resultat ist paradox; es zeigt, daß ich der unglücklichste Mensch auf der Welt bin, da ich ja im Durchschnitt unendlich lange warten muß, bis ich jemanden finde, dem es schlechter geht als mir. Eine ausführliche Diskussion dieser und anderer Wartezeitparadoxien findet der Leser in Feller [10], Band II. Irritierend ist hier, wie Feller hervorhebt, daß jeder Mitmensch genau so wie ich argumentieren kann, daß *er* der Welt unglücklichstes Geschöpf sei!

In Verbindung mit (i) bleibt noch darauf hinzuweisen, daß sich dieses Ergebnis für statistische Tests auf Unabhängigkeit verwenden läßt, da die spezielle Verteilung der v_i in (i) nicht auftritt.

Übung 33. Es sei x_1, x_2, ..., x_n eine Stichprobe vom Umfang n aus einer Verteilung mit Erwartungswert μ und Varianz σ^2 (vgl. Übung 17). *Durchschnitt* und *Varianz* der Stichprobe werden definiert durch

$$\bar{x} = \frac{1}{n} \sum_1^n x_i, \quad s^2 = \frac{1}{n-1} \sum_1^n (x_i - \bar{x})^2 .$$

Entsprechend seien die zugehörigen Zufallsvariablen bezeichnet:

$$\bar{X} = \frac{1}{n} \sum_1^n X_i, \quad S^2 = \frac{1}{n-1} \sum_1^n (X_i - \bar{X})^2 .$$

(i) Man zeige, daß

$$s^2 = \frac{1}{n-1} \sum_1^n x_i^2 - \frac{n}{n-1} \bar{x}^2 .$$

(ii) Man zeige, daß $\bar{x}$ und s^2 *erwartungstreue* Schätzer von μ bzw. σ^2 sind, daß also

$$E(\bar{X}) = \mu, \quad E(S^2) = \sigma^2 .$$

(iii) Der *Lexis-Koeffizient* q^2 der Stichprobe x_1, x_2, ..., x_n wird durch

$$q^2 = \frac{s^2}{\bar{x}}$$

definiert, und die zugehörige Zufallsvariable mit Q^2 bezeichnet.[20]

Man begründe, warum im Fall einer Poissonverteilung $q^2 \approx 1$ zu erwarten ist, hingegen bei einer modifizierten Poissonverteilung $q^2 < 1$.

(iv) Wir sagen, eine Zufallsvariable X sei eine (endliche) *Mischung von Poissonverteilungen*, wenn es eine Zufallsvariable Z gibt, die nur endlich viele Werte annimmt, sodaß für jedes z mit $P(Z = z) > 0$ die bedingte Verteilung von X, gegeben Z = z, eine Poissonverteilung ist, d. h. zu z existiert ein λ mit

$$P(X = k \mid Z = z) = \frac{\lambda^k}{k!} e^{-\lambda}, \quad k = 0, 1, 2, \dots .$$

---

[20] Lexis, ein deutscher Ökonom, führte diesen Koeffizienten im Jahre 1877 ein (er gebrauchte $(n-1)\, n^{-1}\, q^2$). Stammt die Stichprobe von einer Poissonverteilung, so ist, falls deren Parameter λ nicht zu klein ist, $(n-1)\, Q^2$ näherungsweise χ^2-verteilt mit $n-1$ Freiheitsgraden. Für großes n ist $\sqrt{\frac{1}{2}(n-1)}\,(Q^2 - 1)$ approximativ standardnormalverteilt. Hieraus läßt sich ein Test auf Poissonverteilung ableiten (vgl. Kapitel 17). Für Stichproben, die einer modifizierten Poissonverteilung entstammen, benützte Bortkiewicz die Formel (Notation wie in Kapitel 16)

$$h = TUV^{-1}(1 + 1/\gamma)^{-1}, \quad \text{mit} \quad \gamma = UV^{-1}(q^2 - \sqrt{q^4 - VU^{-1}(1 - q^2)})$$

als Schätzung für die Totzeit (brauchbar ist das nur für $q^2 \approx 1$).

Man begründe, daß man $q^2 > 1$ zu erwarten hat, wenn die Stichprobe einer solchen gemischten Verteilung entstammt.

Hinweis: Mithilfe von Übung 23 berechne man $E(X)$ und $E(X^2)$ und leite daraus eine Formel für $\sigma^2(X)/E(X)$ ab. Die Ungleichung $\sigma^2(X)/E(X) \geqslant 1$ läßt sich nun durch geometrische Überlegungen am Graphen der Funktion $\lambda \mapsto \lambda^2$ herleiten. (Eventuell betrachte man nur den Fall, daß Z zwei Werte annimmt.) Für passendes Zahlenmaterial sei auf Beispiel 12 verwiesen.

(v) Wir nehmen jetzt an, daß die Stichprobe nur aus natürlichen Zahlen oder Null besteht und verwenden die gleichen Notationen wie in Kapitel 10 bzw. P 1:

$$N_k = \text{Anzahl der i mit } x_i = k, \quad k = 0, 1, 2, \ldots$$

$$U \ = \Sigma\, N_k, \quad V = \Sigma\, k\, N_k, \quad W = \Sigma\, k^2\, N_k .$$

Man drücke q^2 durch U, V und W aus und erweitere das Programm P 1 in der Weise, daß auch q^2 berechnet wird (Interessenten mögen die in Anmerkung 20 gegebenen Erläuterungen für eine nochmalige Erweiterung von P 1 verwenden).

Übung 34. Die unabhängigen Zufallsvariablen $X_1, X_2, \ldots, X_N$ seien alle poissonverteilt mit dem unbekannten Parameter λ, dessen Maximum-likelihood-Schätzer gemäß Übung 17 durch

$$\hat{\lambda} = \frac{X_1 + X_2 + \ldots + X_N}{N}$$

gegeben ist. Man bestimme $\sigma(\hat{\lambda})$ und zeige, daß „$\sigma(\hat{\lambda}) \leqslant a$ % von λ" gleichbedeutend ist mit $\lambda \cdot N \geqslant 10^4/a^2$. *Hinweis:* Man benutze Übung 14, (ii).

Übung 35. Der Poissonprozeß $(N(t))_{t>0}$ mit der Intensität λ diene als Modell für den radioaktiven Zerfall. Zur Verwendung komme ein Zähler mit der Totzeit h. Das Modell I aus Kapitel 12 sei gerechtfertigt, d. h. nur registrierte Zerfälle „paralysieren" das Gerät. In unmittelbar verständlicher Schreibweise

$$N(t) = N_r(t) + N_u(t)$$

teilen wir $N(t)$ in die registrierten und die nicht registrierten Zerfälle auf.

Als *registrierte Intensität* definieren wir

$$\lambda_r := E(N_r(t))/t.$$

[Wir gehen davon aus, daß nur Zeitpunkte $t \geqslant h$ in Betracht gezogen werden, so daß λ_r als konstant angesehen werden kann. Damit ist auch Übereinstimmung mit Gl. (39) in Kapitel 16 gewährleistet.]

(i) Man zeige, daß unter der Bedingung $N_r(t) = n$ die mittlere Anzahl unregistrierter Zerfälle in $]0, t]$ in guter Annäherung durch

$$E(N_u(t) \mid N_r(t) = n) = nh\lambda$$

gegeben ist, und begründe damit, daß

$$E(N(t)) = E(N_r(t)) \cdot (1 + h\lambda).$$

Daraus leite man die Gleichung

$$\lambda = \lambda_r(1 - h\lambda_r)^{-1} = (1/\lambda_r - h)^{-1} \tag{51}$$

ab.

Bemerkung: Etwas „primitiver" folgt Gl. (51) auch aus folgender Betrachtung: Es gibt ca. λ_r registrierte Zerfälle pro Zeiteinheit, die zu einer Paralysierung des Zählers von insgesamt $\lambda_r \cdot h$ Zeiteinheiten führen, und in diesem Zeitraum sind $\lambda \cdot \lambda_r \cdot h$ Zerfälle zu erwarten. Deshalb muß $\lambda_r + \lambda \cdot \lambda_r \cdot h = \lambda$ sein. Die vorher gegebene Analyse ist natürlich weitergehend.

(ii)   Wir stellen uns nun vor, daß eine gewisse Zahl, etwa k Poissonprozesse über einen Zeitraum $]0, t]$ beobachtet werden; die zugehörigen (registrierten) Intensitäten seien mit $\lambda_i(\lambda_{i,r})$ bezeichnet. Die entsprechenden Werte für den superponierten Prozeß seien λ_s bzw. $\lambda_{s,r}$. Man zeige

$$(1/\lambda_{s,r} - h)^{-1} = \sum_{i=1}^{k} (1/\lambda_{i,r} - h)^{-1}.$$

(iii)   *Totzeitbestimmung mit der Zwei-Quellen-Methode.*
Es sei k = 2. Unsere Beobachtungen mögen entstammen

    (1)   der radioaktiven Quelle A
    (2)   den beiden radioaktiven Quellen A und B zusammen
    (3)   nur der radioaktiven Quelle B.

Aus praktischen Erwägungen ist diese Reihenfolge der Beobachtungen vorzuziehen.
Man leite die Formel

$$h = \frac{1}{\lambda_{s,r}} \left[1 - \sqrt{1 - \lambda_{s,r} \frac{\lambda_{1,r} + \lambda_{2,r} - \lambda_{s,r}}{\lambda_{1,r} \cdot \lambda_{2,r}}} \right] \tag{52}$$

her. Da man die registrierten Intensitäten $\lambda_{1,r}$, $\lambda_{2,r}$ und $\lambda_{s,r}$ als Durchschnitte schätzen kann, läßt sich Gl. (52) als Schätzung der Totzeit verwenden (!).

Bemerkungen: Man sieht oft die approximative Formel

$$h = \frac{\lambda_{1,r} + \lambda_{2,r} - \lambda_{s,r}}{2\lambda_{1,r} \cdot \lambda_{2,r}} \tag{53}$$

anstelle von Gl. (52). Nun ist im Zeitalter der programmierbaren Taschenrechner Gl. (52) nicht beschwerlicher als Gl. (53), und da Gl. (53) für reale Daten (vgl. Tabelle 6) mit großer Ungenauigkeit behaftet ist, sollte man ausschließlich Gl. (52) gebrauchen.

Welche Formel auch immer man verwendet, man muß stets daran denken, die Schätzungen durch Subtraktion einer Schätzung der Hintergrundintensität zu korrigieren.

Unsere Überlegungen lassen sich dementsprechend insofern verfeinern, als man ja in Wirklichkeit (1) A + Hintergrund, (2) A + B + Hintergrund, (3) B + Hintergrund beobachtet. Wenn wir durch einen hochgestellten Strich andeuten, daß wir die Hintergrundstrahlung mit berücksichtigen und die Abkürzungen

$$p_1 = \lambda'_{1,r} \cdot \lambda'_{2,r}, \qquad p_2 = \lambda'_{s,r} \cdot \lambda'_r$$
$$q_1 = \lambda'_{1,r} + \lambda'_{2,r}, \qquad q_2 = \lambda'_{s,r} + \lambda'_r$$

verwenden, läßt sich die Formel

$$h = \frac{p_1 - p_2}{p_1 q_2 - p_2 q_1} \left[1 - \sqrt{1 - \frac{(p_1 q_2 - p_2 q_1)(q_1 - q_2)}{(p_1 - p_2)^2}} \right] \tag{54}$$

herleiten, die der Leser – genügend Lust und Ausdauer vorausgesetzt – überprüfen möge. Auch wenn diese Formel genauer als Gl. (52) ist, erweist sich der Unterschied bei „normalem" Datenmaterial als praktisch bedeutungslos.

Übung 36. Ziel dieser Aufgabe ist es, mithilfe des Zwei-Quellen-Versuchs die Totzeit mit einer gewissen Genauigkeit zu bestimmen. Für eine Beschreibung der Methode ziehe man Kapitel 16 und auch Übung 35 zu Rate.

Es seien X_1, X_2 und Y die Anzahlen der registrierten Zerfälle für Quelle 1, Quelle 2 bzw. beide Quellen zusammen. Die Beobachtungszeit betrage τ Sekunden. Mit λ_1, λ_2 und μ seien die zugehörigen registrierten Intensitäten bezeichnet, d.h. $\lambda_1 = X_1/\tau$, $\lambda_2 = X_2/\tau$ und $\mu = Y/\tau$. Wir wollen annehmen, daß λ_1 und λ_2 ungefähr gleich sind, etwa gleich λ.

Die Schätzung für h nach der Zwei-Quellen-Methode sei mit $\hat{h}$ bezeichnet. Man zeige, daß die Forderung „$\sigma(\hat{h}) \leqslant b \%$ von h" bei grober Betrachtungsweise auf die Ungleichung

$$\tau \geqslant h^{-2} \lambda^{-3} b^{-2} 10^4 \tag{55}$$

hinausläuft.

Hinweis:

$$\hat{h} \approx \frac{\lambda_1 + \lambda_2 - \mu}{2 \lambda_1 \lambda_2} \approx \frac{1}{2\tau\lambda^2}(X_1 + X_2 - Y) \approx \frac{1}{2\tau\lambda^2}(X_1 + X_2 - Y_1 - Y_2)$$

mit unabhängigen X_1, X_2, Y_1, Y_2, wobei Y_1 ungefähr wie X_1 und Y_2 ungefähr wie X_2 verteilt ist.

Bemerkungen: Die gefundene Ungleichung (55) ist eine Richtschnur. Der Wert von h auf der rechten Seite braucht nur einigermaßen zu stimmen. Man sollte nicht dadurch für die Gültigkeit von (55) sorgen, daß man λ groß wählt (indem man Quelle und Zähler dicht zusammenrückt), denn dann wird das verwendete Totzeitmodell ungenau. Das Produkt $\lambda \cdot h$ muß viel kleiner als 1 sein, z. B. $\lambda \cdot h < 0{,}05$.

Übung 37. Wie in der letzten Übung beschäftigen wir uns mit einem radioaktiven Präparat, dessen Zerfallszeiten von einem Zähler mit der Totzeit h registriert werden. Wir wenden Modell I von Kapitel 12 an.

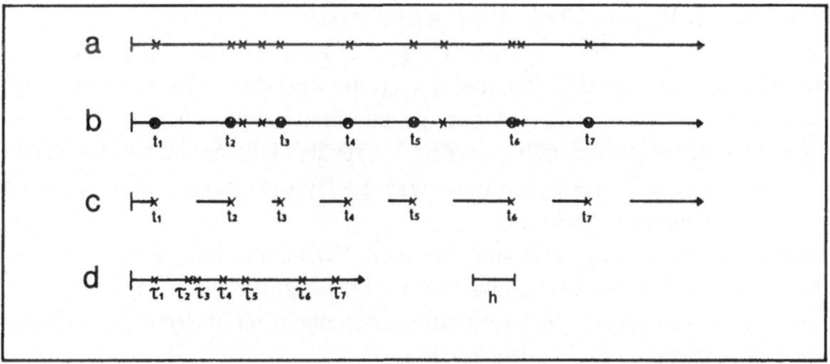

Bild 21

a) Alle Ereignisse; beschrieben durch einen Poissonprozeß der Intensität λ

b) Kennzeichnung der registrierten Ereignisse und der zugehörigen Eintriffzeiten $t_1, t_2, \ldots$

c) Registrierte Ereignisse mit der jeweiligen Totzeit (durch Unterbrechung der Linie kenntlich gemacht

d) Komprimierung der registrierten Ereignisse durch Weglassen der Totzeiten; komprimierte Eintreffzeiten: $\tau_1, \tau_2, \ldots$

(i)   Mit den Bezeichnungen von Bild 21 zeige man

$$t_n = \tau_n + (n-1)\,h, \quad n = 1, 2, \ldots,$$

und weise nach, daß $\tau_1, \tau_2, \ldots$ Ankunftszeiten eines Poissonprozesses der Intensität λ sind (also dergleichen Intensität, die alle $-$ d. h. registrierte und unregistrierte $-$ Begebenheiten liefern, siehe a in Bild 21).

(ii)   Wie in der letzten Übung bezeichne $N_r(t)$ die Anzahl der registrierten Zerfälle in $]0, t]$. Man benutze (i) und Satz 2, um zu zeigen, daß für $nh < t$

$$P(N_r(t) \leqslant n) = e^{-\lambda(t - nh)} \cdot \sum_{k=0}^{n} \frac{(\lambda(t - nh))^k}{k!}. \tag{56}$$

Bemerkung: Natürlich läßt sich aus Gl. (56) direkt eine Formel für $P(N_r(t) = n)$ herleiten, die aber ziemlich kompliziert ausfällt, da man u. a. die drei Fälle $nh < t$, $(n-1)\,h < t \leqslant nh$ und $t \leqslant (n-1)\,h$ zu unterscheiden hat. In den Anwendungen ist meistens nh deutlich kleiner als t, so daß man mit Formel (56) auskommen kann.

Übung 38. In dieser Übung stellen wir ein Modell auf, daß den radioaktiven Zerfall noch genauer als der Haupttext beschreibt. Das Modell erlaubt zeitabhängige Intensitäten und gibt damit die Möglichkeit, die Halbwertzeit des zugrundeliegenden Präparates näher zu diskutieren.

Wir stellen uns ein radioaktives Material vor, das aus $2\,N$ Atomen besteht, die wir uns durchnumeriert denken; in der Praxis hat man sich N in der Größenordnung der Avogadroschen Zahl, also ca. 10^{23} vorzustellen. Diesem Präparat ordnen wir $2\,N$ Zufallsgrößen $V_1, V_2, ..., V_{2N}$ zu, wobei V_k den Zerfallszeitpunkt des k-ten Atoms bedeute. Wir wollen die V_k *individuelle Wartezeiten* nennen.

Die $V_1, V_2, ..., V_{2N}$ werden als unabhängige exponentialverteilte Zufallsgrößen angenommen, alle mit dem gleichen Parameter λ_{ind}, der *Zerfallskonstanten*. Ferner sei unterstellt, daß jedes einzelne der $2\,N$ Atome genau einmal zum radioaktiven Prozeß beiträgt, nämlich wenn es zerfällt, d.h. zur Zeit V_k für das k-te Atom. Beispielsweise trifft das auf sog. eigentliche Kernumwandlungen zu (typisch bei α- oder β-aktiven Präparaten), falls der neue Kern stabil ist.

Die Annahme der Unabhängigkeit und gleichen Verteilung der V_k ist wohl unmittelbar akzeptabel. Daß diese Verteilung eine Exponentialverteilung ist, sollte nach den Überlegungen im Haupttext auch vernünftig erscheinen; im übrigen läßt sich das auch mit dem Ergebnis von Übung 16 begründen.

(i)   Die *Halbwertzeit* $T_{1/2}$ sei definiert durch

$$P(V_1 \leqslant T_{1/2}) = P(V_1 \geqslant T_{1/2});$$

man zeige

$$T_{1/2} = \frac{\ln 2}{\lambda_{ind}}.$$

(ii)   Die *Ankunftszeiten* $t_1, t_2, ..., t_{2N}$ seien folgendermaßen definiert:

$t_1 = $ kleinster Wert unter $V_1, V_2, ..., V_{2N}$
$t_2 = $ zweitkleinster Wert unter $V_1, V_2, ..., V_{2N}$
.
.
.
$t_{2N-1} = $ zweitgrößter Wert unter $V_1, V_2, ..., V_{2N}$
$t_{2N} = $ größter Wert unter $V_1, V_2, ..., V_{2N}$

Man drücke das Ereignis $\{t_1 \geqslant s\}$ für $s > 0$ mittels der Zufallsvariablen $V_1, V_2, ..., V_{2N}$ aus und zeige, daß t_1 exponentialverteilt ist mit dem Parameter $2N \cdot \lambda_{ind}$.

(iii)   Die (*globalen*) Wartezeiten seien wie üblich durch

$$v_1 = t_1, \quad v_2 = t_2 - t_1, \quad ..., \quad v_{2N} = t_{2N} - t_{2N-1}$$

definiert. Mit Hilfe von (ii) zeige man, daß die Wartezeiten unabhängig und exponentialverteilt sind mit den Parametern $(2N - k + 1) \cdot \lambda_{ind}$, $1 \leqslant k \leqslant 2N$.

(iv)   Die Zufallsvariable t_N sei als *stochastische Halbwertzeit* bezeichnet. Für deren Mittelwert zeige man

$$E(t_N) = \frac{1}{\lambda_{ind}} \cdot \left(\frac{1}{N+1} + \frac{1}{N+2} + ... + \frac{1}{2N} \right).$$

Man vergleiche dies mit dem Ergebnis von (i) (beachte, daß N sehr groß ist!).

(v) Wieviel länger müssen wir im Durchschnitt warten, daß alle Atome zerfallen sind, als wir im Durchschnitt darauf warten, daß die Hälfte der Atome zerfallen ist, z. B. für $N = 10^{23}$? (Gegebenenfalls Vergleich mit $E(t_{2N}/t_N)$, dessen exakte Berechnung jedoch etwas schwierig ist.)

(vi) Für die Varianz von t_N zeige man

$$\sigma^2(t_N) = \frac{1}{\lambda_{ind}^2} \left(\frac{1}{(N+1)^2} + \frac{1}{(N+2)^2} + \ldots + \frac{1}{(2N)^2} \right) \approx \frac{1}{\lambda_{ind}^2 \cdot 2N}$$

und gebe eine Abschätzung des Verhältnisses von Standardabweichung und Erwartungswert von t_N an. Stimmt das Ergebnis mit dem überein, was man normalerweise lernt, daß nämlich die Menge des noch nicht umgewandelten Teils des radioaktiven Präparates eine deterministische Größe ist, die exponentiell mit der Zeit abnimmt? (Vgl. dazu These 10).

Übung 39. Wir stellen uns ein System vor (ein „radioaktives Sammelsurium"), in dem eine ganze Reihe verschiedener radioaktiver Prozesse ablaufen. Das System bestehe in jedem Zeitpunkt aus einer gewissen Zahl von Atomen, teils vom „Typ 1", teils vom „Typ 2", usw. Die Anzahl der Atome eines bestimmten Typs k, die sich zur Zeit t im System befinden, sei mit $x_k(t)$ bezeichnet.

Die Atome vom Typ k seien radioaktiv mit der Zerfallskonstanten λ_k und der Halbwertzeit T_k (vgl. Übung 38). Über die Art der Zerfallsprodukte werden keine besonderen Annahmen gemacht. Normalerweise sind die Zerfälle von Strahlung begleitet. Wir weisen ausdrücklich darauf hin, daß auch stabile Atome vorkommen dürfen; sind die Atome vom Typ k stabil, so entspricht dem $\lambda_k = 0$ und $T_k = \infty$. Das andere Extrem, $T_k \approx 0$, kann auch vorkommen. Es entspricht sehr unstabilen Atomen, die fast unmittelbar zerfallen.

Die *Aktivität* der Atome des Typs k zur Zeit t werde mit $A_k(t)$ bezeichnet und durch

$$A_k(t) = x_k(t) \cdot \lambda_k$$

definiert. Man versuche, das folgende einzusehen: Werden in einem Zeitintervall $[t, t + \tau]$ alle Zerfälle von Typ-k-Atomen registriert, so erhält man für genügend kleines τ einen Poissonprozeß, dessen Intensität zur Zeit t gerade $A_k(t)$ ist. Man überlege sich, im Verhältnis zu wem τ klein sein soll, damit das stimmt.

Man mache selbst passende Annahmen über die begleitende Strahlung und erkläre, wie sich die Aktivitäten $A_1(t)$, $A_2(t)$, ... im Prinzip aus den Beobachtungen der Strahlung des Systems bestimmen lassen.

Übung 40. Wir nehmen nun an, daß das System aus Übung 39 ein sog. *Kaskadenprozeß* ist:

$$x_1 \xrightarrow{\lambda_1} x_2 \xrightarrow{\lambda_2} x_3 \xrightarrow{\lambda_3} x_4 \ldots . \tag{57}$$

Das bedeutet, daß für jedes $k = 1, 2, \ldots$ die Atome des Typs k nur Atome vom Typ $k + 1$ als Zerfallsprodukte haben (eventuell mit einer begleitenden Strahlung, die hier keine Rolle spielt), und daß der Zerfall eines Typ-k-Atoms zu genau einem Typ-$(k + 1)$-Atom führt. Der Kaskadenprozeß bricht ab, wenn es ein k gibt mit $\lambda_k = 0$.

Wir wollen in dieser Übung einen rein deterministischen Standpunkt einnehmen. Daß das mit der stochastischen Natur der Prozesse vereinbar ist, geht aus Übung 38 hervor. In jener Übung fanden wir das Resultat

$$x_1(t) = x_1(0)\,e^{-\lambda_1 t}, \quad t \geqslant 0.$$

[Bekanntlich läßt sich diese Formel rein deterministisch durch Bestimmung des Differentialquotienten von x_1 ableiten; dabei ergibt sich natürlich bei weitem nicht die Einsicht, wie sie der Gedankengang von Übung 38 vermittelt.]

(i)   Für den Kaskadenprozeß $x \xrightarrow{\lambda} y \xrightarrow{\mu} z$ sei $y(0) = 0$ angenommen; außerdem sei die Funktion $x(t)$ für $t \geqslant 0$ bekannt. Man zeige

$$y(t) = \lambda\,e^{-\mu t} \int_0^t x(\tau)\,e^{\mu \tau}\,d\tau, \quad t \geqslant 0.$$

Hinweis: $y(t) = \int_0^t$ {derjenige Teil der im Zeitintervall $[\tau, \tau + d\tau]$ gebildeten Atome y, der $t - \tau$ Zeiteinheiten später, also zur Zeit t noch lebt}.

(ii)   Im Kaskadenprozeß von (i) sei $x(t) = \alpha e^{-\beta t}$ mit positiven Konstanten α und β. Man zeige

$$y(t) = \alpha \cdot \frac{\lambda}{\mu - \beta} (e^{-\beta t} - e^{-\mu t}), \quad t \geqslant 0.$$

(iii)   Für den Kaskadenprozeß (57) sei $x_2(0) = x_3(0) = \ldots = 0$ angenommen. Man zeige, daß für jedes $k = 1, 2, \ldots$ die Funktion $x_k(t)$ eine Summe von Funktionen des Typs $\alpha e^{-\beta t}$ ist. Für $k = 1, 2, 3$ zeige man

$$x_1(t) = x_1(0)\,e^{-\lambda_1 t} \tag{58}$$

$$x_2(t) = x_1(0)\,\frac{\lambda_1}{\lambda_2 - \lambda_1} (e^{-\lambda_1 t} - e^{-\lambda_2 t}) \tag{59}$$

$$x_3(t) = x_1(0)\,\lambda_1 \lambda_2 \left[\frac{1}{(\lambda_2 - \lambda_1)(\lambda_3 - \lambda_1)}\,e^{-\lambda_1 t} \right. \tag{60}$$

$$\left. - \frac{1}{(\lambda_2 - \lambda_1)(\lambda_3 - \lambda_2)}\,e^{-\lambda_2 t} + \frac{1}{(\lambda_3 - \lambda_1)(\lambda_3 - \lambda_2)}\,e^{-\lambda_3 t} \right].$$

(iv)   Beim Kaskadenprozeß (57) bestimme man den Typ der Funktion $x_1(t) + x_2(t) + \ldots$.

Übung 41. Man betrachte den Kaskadenprozeß (57) unter der Bedingung $x_2(0) = x_3(0) = \ldots = 0$. Man zeige, daß die Aktivität der Typ-2-Atome zum Zeitpunkt

$$t_{max} = \frac{ln\,\lambda_2 - ln\,\lambda_1}{\lambda_2 - \lambda_1} \tag{61}$$

maximal wird und vergleiche die Aktivitäten $A_1(t) = \lambda_1 x_1(t)$ und $A_2(t) = \lambda_2 x_2(t)$ zu diesem Zeitpunkt.

In der Praxis wird der Fall $\lambda_1 = \lambda_2$ nie auftreten, aber selbst für $\lambda_1 \approx \lambda_2$ ist Gl. (61) unzweckmäßig. Man finde eine vernünftige Formel für diesen Fall.

Übung 42. Wiederum betrachten wir den Kaskadenprozeß (57) mit $x_2(0) = x_3(0) = \ldots = 0$. Ferner sei $T_1 > T_2$ angenommen (äquivalent damit ist $\lambda_1 < \lambda_2$).

Man untersuche für große Werte von t das Verhältnis $A_2(t)/A_1(t)$ der Aktivitäten von „Tochter"- und „Mutter"-Atomen.

Man skizziere in einem Diagramm die beiden Funktionen $A_1(t)$ und $A_2(t)$, einmal für den Fall, daß T_1 etwas größer als T_2 ist, sodann für einen Wert von T_1, der sehr viel größer als T_2 ist (z. B. T_1 = 30 Jahre, T_2 = 2,6 Minuten; dies entspricht dem Prozeß vom Beispiel 14).

Übung 43. Im Kaskadenprozeß (57) sei $x_2(0) = 0$ angenommen. Man setze $\kappa(t) := x_2(t)/x_1(t)$ und zeige, daß κ eine Umkehrfunktion hat. Diese bestimme man und diskutiere, wie sich dieses Resultat für Altersbestimmungen verwenden läßt (am meisten gelangt der Spezialfall $\lambda_2 = 0$ zur Anwendung).

Übung 44. Für den radioaktiven Prozeß $x_1 \overset{\lambda}{\to} x_2$, bei dem die Typ-2-Atome stabil sind, beweise man

$$x_2(t) = x_2(0) + (e^{\lambda t} - 1)\, x_1(t).$$

Bei einer Probe werden $x_1(t)$ und $x_2(t)$ gemessen. Man zeige, daß sich daraus t ermitteln läßt, sofern $x_2(0)$ auch bekannt ist. (In Beispiel 15 wird ein mögliches Vorgehen bei unbekanntem $x_2(0)$ diskutiert.)

Übung 45.[21] Das folgende Zitat entstammt der Zeitschrift *Samvirke,* August 1980, und ist Teil eines Artikels von Professor Ove Nathan über moderne Atomphysik.

---

[21] Mit Ausnahme der letzten Frage ist diese Übung eine Reproduktion der dänischen Abituraufgabe von 1981. Von der Aufgabenkommission erfuhr ich, daß ein Teil der Antworten auch eine vernünftige Diskussion des stochastischen Elements enthielt. Eine ausführliche quantitative Behandlung, die ein Leser dieses Buches ohne weiteres zustandebrächte, konnte jedoch keiner der angehenden Studenten liefern.

Erwähnt sei noch, daß der Protonenversuch ein Glied in der Kette physikalischer Bestrebungen nach einer allumfassenden Theorie, einer Kosmologie also, darstellt (*the Big Bang and all that*). Vgl. auch den Artikel „Teilchenphysik: Warten auf den kleinsten Knall" in *GEO*, Heft 7/1987.

Das Alter des Universums – eine kurze Sekunde

In der letzten Zeit hat die Quark-Physik bei noch einer „heiligen Kuh" ein Fragezeichen gesetzt: in Frage steht die absolute Stabilität der Protonen. Das Quarkmodell sagt voraus, daß Protonen radioaktiv mit einer Halbwertzeit von ca. 10^{30} Jahren sind (eine Eins mit dreißig Nullen). Die Halbwertzeit gibt an, wielange es dauert, bis die Hälfte einer gegebenen Ausgangsmenge (in diesem Fall von Protonen) spontan in andere Teilchen zerfallen ist. Natürlich kann man einen Zeitraum von 10^{30} Jahren nicht direkt messen – selbst das Alter des Universums (ca. 20 Milliarden Jahre) ist nur eine kurze Sekunde im Vergleich dazu. Wenn man aber viele Protonen vor sich hat, besteht gewisse Hoffnung, innerhalb eines Jahres den Zerfall einiger Protonen beobachten zu können. Dazu braucht man ca. 10^{30} Protonen, das entspricht der Zahl Protonen, die sich in einem mit Wasser gefüllten Schwimmbassin mittlerer Größe befindet.

In diesen Monaten wird zum ersten Mal in einem verlassenen Minenschacht tief unter der Erdoberfläche eine Versuchsanlage aufgebaut, die den spontanen Zerfall von Protonen nachweisen soll.

Im folgenden wollen wir die Gültigkeit des Quarkmodells unterstellen, daß also die Protonen radioaktiv mit einer Halbwertzeit von 10^{30} Jahren sind.

Wieviele Protonen gibt es zur Zeit t (gemessen in Jahren), wenn anfangs 10^{30} Protonen vorhanden sind? Diese Funktion von t sei mit f (t) bezeichnet.

Man bestimme die Tangente an f im Punkt (0, f (0)) und gebe damit eine Schätzung an, wieviele der 10^{30} Protonen im Laufe des ersten Jahres zerfallen; das Ergebnis stelle man in Beziehung zu dem obigen Artikel.

Diese Übung verwendet ein deterministisches Modell. Erscheint das vernünftig? Man diskutiere den obigen Artikel aus stochastischer Sichtweise.

Übung 46. Wenn Strahlen einen Stoff durchdringen, wird ihre Energie abgeschwächt. In gewisser Weise am leichtesten zu behandeln ist dabei die γ-Strahlung, da ein γ-Quant, welches einen Stoff durchdringt, entweder infolge eines Wechselwirkungsprozesses verschwindet oder aber den Stoff unverändert verläßt.

Man überlege sich, daß es eine Konstante μ gibt, die sog. *Dämpfungskonstante*, so daß die Intensität I als Funktion der innerhalb des Stoffes zurückgelegten Weglänge d durch

$$I(d) = I(0)\, e^{-\mu d}$$

gegeben ist. Man definiere die *Halbwertstrecke* d* durch $I(d^*) = \frac{1}{2} I(0)$ und finde den Zusammenhang zwischen μ und d*.

Beispiele zur näheren Untersuchung

Die nachstehenden Beispiele schließen normalerweise nicht mit einer Reihe von Fragen. Aufgabe ist es in jedem Fall, zu untersuchen, ob sich ein stochastisches Modell zur „Erklärung" der Beobachtungen aufstellen läßt. Häufig wird es mehrere Möglichkeiten für ein solches Modell geben, vgl. Kapitel 16 und 17.

Dem Leser bleibt es in jedem Einzelfall überlassen, wie ausführlich er die Angemessenheit eines stochastischen Modells begründet, und wie weit sich die statistische Analyse erstreckt. Mehrere der vorausgegangenen Übungen enthalten Hinweise, die sich dabei anwenden lassen.

In einigen Beispielen wird man schnell feststellen, daß das nächstliegende Modell nicht in Frage kommt.

Über die mathematische Behandlung der Beispiele hinaus ist es wichtig, daß man sich in die jeweiligen Phänomene hineinzudenken versucht und die Modellbetrachtungen diskutiert, mit denen man arbeitet. Bei einigen Beispielen ist sicher eine genauere Erforschung des Quellenmaterials am Platz. In Beispiel 3 etwa wird man wissen wollen, warum man Proben aus verschiedenen Wassertiefen nimmt, ob es dort noch andere Kleinlebewesen als Wasserflöhe gibt, usw.

Beispiel 1 (siehe [10], Band I). Während des zweiten Weltkriegs wunderten sich viele Einwohner von London darüber, daß ihre Stadtviertel anscheinend häufiger von den Bomben deutscher Flieger getroffen wurden als andere Teile der Stadt, obwohl die Bomben sehr weit vom Ziel entfernt abgefeuert wurden und zwar aufs Geratewohl, wie man glaubte, nur eben gegen Groß-London.

Der ganze Süden Londons wurde in 576 kleine Gebiete von je $\frac{1}{4}$ Quadratkilometer eingeteilt, und in jedem dieser Gebiete wurden die Treffer gezählt: Tabelle 10 zeigt, in wievielen dieser Gebiete es 0, 1, 2, 3, 4 bzw. mehr als vier Treffer gab.

Tabelle 10 Bomben über London

Zahl der Treffer	0	1	2	3	4	$\geqslant 5$
Zahl der Gebiete	229	211	93	35	7	1

Beispiel 2. In einer Autoversicherungsgesellschaft stellte man die Schadensfälle des Jahres 1978 zusammen. Für jeden Versicherten wurde die Zahl seiner Schadensfälle festgestellt, aufgeteilt nach Selbst- und Fremdverschulden.

Tabelle 11 Autoschadensfälle (S: selbstverschuldete, M: fremdverschuldete)

S \ M	0	1	2	3
0	566	44	2	
1	55	4	3	
2	3	1	1	
3	1	2		

Das Ergebnis findet man in Tabelle 11, aus der beispielsweise hervorgeht, daß drei Versicherungsnehmer einen selbstverschuldeten und zwei fremdverschuldete Fälle gemeldet haben.

Bei näherer Untersuchung dieser Daten wird man sicher zunächst die selbst- bzw. fremdverschuldeten Schadensfälle getrennt untersuchen. Man kann auch ein Modell für die Daten insgesamt aufstellen, wobei eine naheliegende Annahme wäre, daß Unabhängigkeit zwischen den beiden Schadenstypen besteht.

Beispiel 3. Von der Eisschollenstation Fram 1 sammelte der Biologe Lars Haumann im April 1979 Wasserflöhe aus dem Polarmeer zwischen Grönland und Svalbard. Er fand im wesentlichen zwei verschiedene Arten, *Calanus hyperboreus* und *Calanus glacialis* (einzelne Exemplare des *Calanus finmarchicus*, die morphologisch schwer zu unterscheiden sind vom *Calanus glacialis*, können vorkommen). Beide Arten gibt es in vier Entwicklungsstadien, bezeichnet mit A, B, ♀ und ♂.

Aus den Wassertiefen von 0–35 m, 35–125 m, 125–250 m und 250–300 m wurden jeweils 12 Proben entnommen. Die in jeder der 12 Proben gefundene Anzahl von Individuen einer bestimmten Kategorie findet man in Tabelle 12. Man sollte noch hinzufügen, daß die Proben in den Spalten 1–3 zwischen 12.30 Uhr und 17.30 Uhr entnommen wurden, die der Spalten 4–6 zwischen 18.45 Uhr und 23.45 Uhr, die der Spalten 7–9 zwischen 0.30 Uhr und 5.00 Uhr und schließlich die Proben der Spalten 10–12 zwischen 6.15 Uhr und 11.45 Uhr.

Beispiel 4 (der Sammlung [1] entnommen). Eine Lösung mit Bakterien enthält eine unbekannte Anzahl von Mutanten, die imstande sind, Maltose zu vergären. Unter 100 Proben von je 0,1 ml findet man 58, die nicht vergären, und möchte hieraus eine Schätzung der durchschnittlichen Zahl von Mutanten pro ml herleiten.

Bemerkung: Die genaue Zahl der Mutanten ist schwer festzustellen; unterscheiden lassen sich lediglich die zwei Kategorien „0 Mutanten" und „mehr als 0 Mutanten".

Tabelle 12 Wasserflöhe bestimmter Kategorien aus verschiedenen Wassertiefen des Polarmeeres, gefunden in jeweils zwölf Proben (1–12)

			1	2	3	4	5	6	7	8	9	10	11	12
0–35 m	*hyperboreus*	A							1	1		3		
		B										1		
		♀												
		♂												
	glacialis	A												
		B												
		♀		2	2	2	1		1	1				
		♂				1								
35–125 m	*hyperboreus*	A		1		3	1			3	2		2	1
		B	3	3	4	2	8	5	3	5	4		3	3
		♀	6	9	7	6	7	3	8	7	5	3	6	8
		♂												
	glacialis	A	1	1	3	3	1		6			1	2	
		B	13	13	22	15	16	11	17	9	19	6	14	9
		♀	65	80	75	66	44	39	72	49	52	46	48	49
		♂	1	1	5	1	1		2	1	3	2	1	3
125–250 m	*hyperboreus*	A	26	14	15	24	20	25	24	24	18	21	35	20
		B	16	19	12	20	16	20	19	20	25	11	22	21
		♀	25	29	10	21	15	31	23	22	24	20	29	23
		♂		2					1					1
	glacialis	A				1			2					
		B		2		3	1	2	3	1	2	5	4	3
		♀	1	5	5			2	4	2	2	1	3	6
		♂		1					1					1
250–300 m	*hyperboreus*	A	12	15	10	7	3	7	3	3	6	3	1	2
		B	3	5	4	6	8	5	4	3	8	3	9	4
		♀	6	7	3	1	6	4		5	7	5	4	4
		♂			1					1	1			2
	glacialis	A												
		B		1								2		
		♀	1	2	3		1				2			
		♂	1		1									

Beispiel 5 (aus [1]). Ein gewisser Typ von Kolibakterien mutiert mit positiver Wahrscheinlichkeit in eine Streptomycin-resistente Form.

150 Petrischalen mit Streptomycin-Agar werden mit je 1 Million Kolibakterien versehen. Mutiert eine Bakterie, so bildet sich eine kleine Kolonie, die überlebt. Andernfalls werden alle Bakterien auf einer Schale von Streptomycin zerstört.

Die Anzahl der Schalen mit 0, 1, 2, 3 oder 4 Bakterienkolonien ist in Tabelle 13 wiedergegeben.

Bei der Diskussion dieses Beispiels sollte auch eine Schätzung der Mutationswahrscheinlichkeit erfolgen.

Tabelle 13

Anzahl der Bakterienkolonien	0	1	2	3	4
Anzahl der Schalen	98	40	8	3	1

Beispiel 6. Tabelle 14 zeigt das Ergebnis einer Verkehrszählung südwärts fahrender Autos auf der Autobahn von Helsingør nach Kopenhagen. Die Zählung wurde in Kokkedal, ca. 15 km südlich von Helsingør vorgenommen, am Freitag, den 18. Februar 1983 zwischen 10.30 Uhr und 11.07 Uhr. In der Tabelle sind die Zeitpunkte des Vorbeifahrens angegeben sowie die Wartezeiten. Das letzte Auto (Nr. 288) fuhr 36 Minuten und 58 Sekunden nach Beginn der Beobachtungen vorbei.

Es ist nicht schwer, durch passende Wahl des Straßentyps, des Zeitpunktes usw. eine Verkehrszählung so vorzunehmen, daß man einen hohen Grad von Spontaneität in den Daten (also einen Poissonprozeß) erwarten kann. Unsere Zählung wurde von Schülern der Staatsschule Rungsted vorgenommen, die gerne eigene Beobachtungen auswerten wollten anstelle des „offiziellen" Zahlenmaterials, das die dänische Ausgabe dieses Buches enthielt.

Beispiel 7 (aus [1]). Tabelle 15 zeigt die Ankunftszeiten von Kunden, die eine Warteschlange vor einer Kasse eines Warenhauses bilden. Darüberhinaus sind die Wartezeiten zwischen den Ankunftszeiten der Kunden angegeben. Die Daten wurden mit einem zeitmarkierten Film festgehalten; Zeiteinheit ist eine Sekunde.

Beispiel 8. In den Tabellen 16 und 17 finden sich die Zahlen registrierter Krankheitsfälle in einer bestimmten Periode und in einem bestimmten Gebiet für Gelbsucht bzw. Leukämie. Angegeben sind jeweils links die Tage seit Beginn der Beobachtungen, an denen ein neuer Krankheitsfall gemeldet wurde, sowie rechts die Wartezeiten dazwischen. Im Originalmaterial, dessen Copyright bei der University of London liegt, ist darüber hinaus der Ort des Auftretens dieser Krankheitsfälle verzeichnet.

Beispiel 9. Der in Kapitel 10 wiedergegebene Rutherford-Geiger-Versuch setzt sich in Wirklichkeit aus vier Teilversuchen zusammen entsprechend der folgenden Tabelle 18.

Beispiel 10 (siehe [8], S. 781). Tabelle 19 zeigt für verschiedene Werte von t_1 und t_2 die Anzahl der Ionisierungsausbrüche infolge kosmischer Strahlung zwischen den Zeitpunkten t_1 und t_2. Die gesamte Beobachtungszeit betrug 35 Stunden.

130

Tabelle 14 Zeitpunkte (min, s) und Wartezeiten (in s, zwischen den angegebenen Zeitpunkten) bei der Verkehrszählung

Zeit	s	Zeit	s	Zeit	s	Zeit	s	Zeit	s	Zeit	s
00 00	9	07 59	32	14 19	11	19 42	0	26 07	12	31 29	3
00 09	9	08 05	6	14 33	14	19 44	2	26 15	8	31 31	2
00 18	10	08 11	6	14 36	3	19 56	12	26 15	0	31 37	6
00 28	5	08 14	3	14 40	4	19 58	2	26 19	4	31 52	15
00 33	2	08 24	10	14 58	18	20 03	5	26 20	1	31 59	7
00 35	7	08 25	1	15 00	2	20 20	17	26 22	2	32 04	5
00 42	1	08 28	3	15 05	5	20 31	11	26 53	31	32 12	8
00 43	7	08 44	16	15 25	20	20 33	2	27 12	19	32 15	3
00 50	1	08 55	11	15 51	26	20 38	5	27 17	5	32 32	17
00 51	11	08 56	1	15 59	8	20 41	3	27 20	3	32 40	8
01 02	11	08 58	2	16 04	5	20 47	6	27 22	2	32 42	2
01 13	5	08 58	0	16 12	8	20 49	2	27 39	17	32 48	6
01 18	28	09 01	3	16 13	1	20 50	1	28 03	24	33 04	16
01 46	17	09 06	5	16 17	4	21 05	15	28 14	11	33 10	6
02 03	10	09 12	6	16 20	3	21 33	28	28 18	4	33 15	5
02 13	12	09 15	3	16 33	13	21 35	2	28 21	3	33 15	0
02 25	2	09 17	2	16 41	8	21 36	1	28 26	5	33 25	10
02 27	6	09 45	28	16 41	0	21 37	1	28 26	0	33 34	9
02 33	5	10 07	22	16 45	4	21 44	7	28 43	17	33 48	14
02 38	25	10 11	4	16 48	3	21 53	9	28 44	1	33 58	10
03 03	35	10 35	24	16 48	0	21 59	6	28 45	1	34 03	5
03 38	7	10 35	0	16 57	9	22 00	1	28 49	4	34 13	10
03 45	6	10 41	6	17 06	9	22 23	23	28 49	0	34 15	2
03 51	2	10 56	15	17 08	2	22 27	4	28 50	1	34 17	2
03 53	4	10 59	3	17 19	11	22 27	0	28 52	2	34 36	19
03 57	1	11 02	3	17 27	8	22 30	3	28 53	1	34 56	20
03 58	4	11 09	7	17 28	1	22 39	9	28 53	0	35 02	6
04 02	1	11 09	0	17 37	9	22 51	12	28 54	1	35 06	4
04 03	15	11 19	10	17 40	3	22 55	4	28 55	1	35 20	14
04 18	10	11 23	4	17 41	1	23 02	7	28 57	2	35 38	18
04 28	1	11 26	3	17 42	1	23 06	4	28 58	1	35 57	19
04 29	1	11 41	15	17 46	4	23 34	28	28 59	1	36 01	4
04 30	4	11 43	2	17 56	10	23 38	4	29 05	6	36 26	25
04 34	31	11 46	3	18 11	15	23 43	5	29 20	15	36 40	14
05 35	0	11 53	7	18 22	11	23 57	14	29 46	26	36 46	6
05 05	3	11 55	2	18 25	3	24 07	10	30 06	20	36 51	5
05 08	18	12 05	10	18 27	2	24 08	1	20 09	3	36 54	3
05 26	21	12 11	6	18 28	1	24 14	6	30 10	1	36 58	4
05 47	1	12 27	16	18 31	3	2418	4	30 15	5		
05 48	2	12 33	6	18 33	2	24 41	23	30 24	9		
05 50	7	12 51	18	18 34	1	24 42	1	30 28	4		
05 57	3	12 53	2	18 43	9	24 51	9	30 41	13		
06 00	4	12 56	3	18 49	6	24 55	4	30 42	1		
06 04	20	13 16	20	18 55	6	25 11	16	30 42	0		
06 24	10	13 23	7	18 56	1	25 13	2	30 43	1		
06 34	5	13 30	7	19 18	22	25 31	18	30 45	2		
06 39	6	13 39	9	19 19	1	25 38	7	30 52	7		
06 45	22	13 45	6	19 26	7	25 42	4	30 55	3		
07 07	1	14 05	20	19 29	3	25 50	8	31 26	31		
07 08	19	14 08	11	19 42	13	25 55	12	31 26	0		
07 27	32										

131

Tabelle 15 Eintreffzeiten der Kunden

31	4	36	14	12	13
31	505	1379	2189	2856	3380
13	22	131	4	0	94
44	527	1510	2193	2856	3474
7	52	1	26	71	37
51	579	1511	2219	2927	3511
45	22	70	71	0	31
96	601	1581	2290	2927	3542
24	20	4	10	0	5
120	621	1585	2300	2927	3547
51	83	33	10	2	16
171	704	1618	2310	2929	3563
46	44	22	28	17	38
217	748	1640	2338	2946	3601
7	12	16	1	10	9
224	760	1656	2339	2956	3610
8	3	20	54	73	27
232	763	1676	2392	3029	3637
1	39	19	4	12	9
233	802	1695	2397	3041	3646
4	53	3	53	31	23
237	855	1698	2450	3072	3669
22	12	24	160	5	64
259	867	1722	2610	3077	3733
28	10	32	27	27	34
287	877	1754	2637	3104	3767
12	18	90	10	27	6
299	895	1844	2647	3131	3773
6	63	61	11	2	0
305	958	1905	2658	3133	3773
65	62	77	7	0	22
370	1020	1982	2665	3133	3795
16	26	6	34	0	57
386	1046	1988	2699	3133	3952
9	25	105	1	99	23
395	1071	2093	2700	3232	3875
12	47	0	38	10	20
407	1118	2093	2738	3242	3895
27	26	13	3	30	41
434	1144	2106	2741	3272	3936
2	105	2	4	7	12
436	1249	2108	2745	3279	3948
44	27	27	37	1	36
480	1276	2135	2782	3280	3984
1	1	17	6	10	2
481	1277	2152	2788	3290	3986
10	42	0	31	28	10
491	1319	2152	2819	3318	3996
10	24	23	25	9	49
501	1343	2175	2844	3327	4045
4	36	1	12	40	
				3367	

Tabelle 16 Registrierte Fälle von Gelbsucht in Dorset, Mai 1938 – November 1944

8	493	2	11
8	733	1821	2245
29	6	7	10
37	739	1828	2255
104	11	1	0
141	750	1829	2255
7	4	3	2
148	754	1832	2257
1	3	11	7
149	757	1843	2264
0	7	85	1
149	764	1928	2265
2	17	4	55
151	781	1932	2320
1	2	52	20
152	783	1984	2340
5	24	2	22
157	807	1986	2342
2	13	4	6
169	820	1990	2348
2	148	0	34
171	968	1990	2382
0	11	3	
171	979	1993	
1	160	26	
172	1139	2019	
1	428	102	
173	1567	2121	
11	130	34	
184	1697	2155	
1	3	19	
185	1700	2194	
7	6	22	
192	1706	2196	
5	32	3	
197	1738	2199	
5	4	7	
202	1742	2206	
0	0	2	
202	1742	2208	
0	32	14	
202	1774	2222	
5	15	5	
207	1789	2228	
4	0	2	
211	1789	2229	
12	21	5	
223	1810	2234	
17	9	0	
240	1819	2234	
493	2	11	

26	64	280	3
26	1813	2966	4079
86	8	6	131
112	1821	2972	4210
252	40	133	103
364	1861	3105	4313
5	3	26	2
369	1864	3131	4315
94	3	38	103
463	1867	3169	4418
70	6	5	65
533	1873	3174	4483
35	23	29	53
568	1896	3202	4536
222	2	8	46
790	1898	3211	4582
64	29	96	19
854	1927	3307	4601
0	24	17	82
854	1951	3324	4683
21	0	8	1
875	1951	3332	4684
24	9	17	33
899	1960	3349	4717
24	107	51	3
923	2067	3400	4720
295	67	54	114
1218	2134	3454	4834
167	4	2	5
1385	2138	3456	4839
17	123	76	196
1402	2261	3532	5035
20	17	26	77
1422	2278	3558	5112
98	95	28	5
1520	2373	3586	5117
102	0	97	6
1622	2373	3683	5123
53	103	119	176
1675	2476	3802	5299
65	119	70	107
1740	2595	3872	5406
9	91	204	
1749	2682	4076	
64	280	3	

Tabelle 18

k	0	1	2	3	4	5	6	7	8	9	10	11	12	13	14	≥ 15
$N_k(\mathrm{I})$	15	56	106	152	170	122	88	50	17	12	3	0	0	1	0	0
$N_k(\mathrm{II})$	17	39	88	116	120	98	63	37	4	9	4	1	0	0	0	0
$N_k(\mathrm{III})$	15	56	97	139	118	96	60	26	18	3	3	1	0	0	0	0
$N_k(\mathrm{IV})$	10	52	92	118	124	92	62	26	6	3	0	2	0	0	1	0

Tabelle 19

t_1 (s)	t_2 (s)	Anzahl
0	50	22
50	100	17
100	200	26
200	500	68
500	1000	47
1000	2000	31
2000	5000	2
5000	∞	0

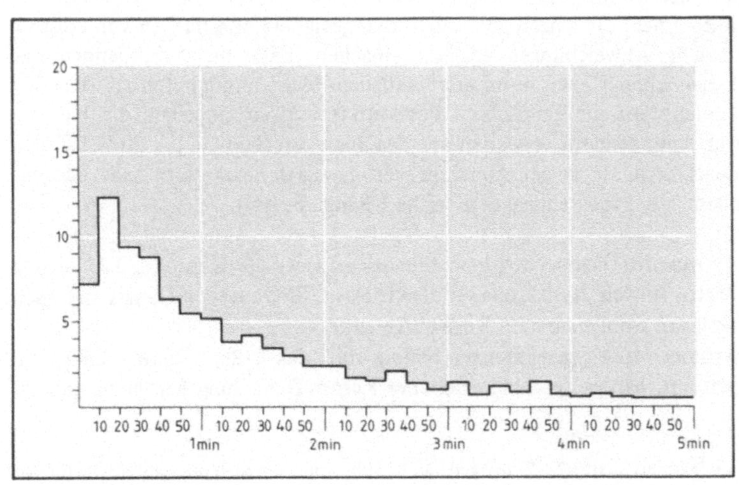

Bild 22 Histogramm der Dauer von Telefongesprächen

135

Beispiel 11. Folgt die Dauer eines Telefonats einer Exponentialverteilung? Zur Beantwortung u. a. dieser Frage untersuchte Erlang in einem Artikel aus dem Jahre 1920 ein Datenmaterial, das sich auf 2461 Telefongespräche bezieht, die im Jahre 1916 über die Kopenhagener Hauptzentrale liefen, und deren Dauer nach 10-Sekunden-Intervallen festgehalten wurde. Das zugehörige Histogramm ist in Bild 22 wiedergegeben, mit Prozentzahlen auf der senkrechten Achse.

Beispiel 12. Die Tabelle 20 zeigt eine Statistik der Unfälle unter den 647 Arbeiterinnen einer Fabrik für Granaten für eine Periode von fünf Wochen.

Tabelle 20

Zahl der Unfälle	Zahl der Arbeiterinnen
0	447
1	132
2	42
3	21
4	3
5	2
≥ 6	0

Bemerkung: Die Poisson-Approximation liefert ein nur mäßiges Resultat. Das Material entstammt einem Artikel von Greenwood und Yule aus dem Jahr 1920, mit dem die Autoren gerade darauf hinweisen wollten, daß Abweichungen vom reinen Poissonmodell oft vorkommen. Sie zeigen aber auch, daß geeignete Mischungen von Poissonverteilungen solche Abweichungen erklärbar machen. Beim hier vorliegenden Fall dürften wohl die Arbeiterinnen in unterschiedlichem Maße „unfallträchtig" sein. Wir können jetzt nicht auf die gemischten Poissonverteilungen eingehen, die hier am zweckmäßigsten sind, sondern verweisen auf das Buch von Hald [11], § 20.9. Ein sehr einfaches Modell bestünde in der Annahme, ein gewisser Prozentsatz habe die eine „Unglückstendenz", der Rest eine andere (siehe Übung 33, (iv)).

Beispiel 13.[22] Am 28. Oktober 1981 wurde das sowjetische U-Boot U 137 in den Blekinger Schären, unweit Karlskrona entdeckt. Das U-Boot war auf eines der auch dänischen Seefahrern wohlbekannten Riffe aufgelaufen.

Am 5. November teilte Staatsminister Fälldin mit, das U-Boot führe Uran-238 in solchen Mengen mit, daß es durchaus von einer Kernwaffenladung herrühren könnte.

---

[22] Quellen dieses Beispiels sind *FOA Tidningen*, nr. 4, 1981, eine Sendung des schwedischen Fernsehens vom 26. Februar 1982 sowie Erläuterungen von Ragnar Hellborg, Universität Lund, und Ulf Jacobsen, RISØ.

Grundlage dafür bildeten Messungen der Försvarets Forskningsanstalt (FOA), also einer militäreigenen Forschungsanstalt.

Beim Zerfall von U-238 treten viele verschiedene Prozesse auf. Es handelt sich nicht um einen reinen Kaskadenprozeß (Übungen 40–42), sondern um einen *Kaskadenprozeß mit Verzweigungen*, da viele der Atomkerne in dieser Zerfallsreihe auf mehrfache Weise zerfallen können, und das nach gewissen Wahrscheinlichkeiten. Da wir deterministisch rechnen wollen, werden wir davon ausgehen, daß jeweils ein gewisser Prozentsatz auf die eine oder andere Weise zerfällt.

Am energiereichsten ist beim Zerfall von U-238 die γ-Strahlung mit einer Energie von 1,001 MeV; diese steht auch im Vordergrund unseres Interesses. Was wir von der Zerfallsreihe kennen müssen, ist im folgenden Diagramm dargestellt:

$$
\begin{aligned}
{}^{238}_{92}\text{U} &\rightarrow {}^{234}_{90}\text{Th} + {}^{4}_{2}\text{He} && T_{1/2} = 4,5 \cdot 10^9 \text{ Jahre} \\
&\hookrightarrow {}^{234}_{91}\text{Pa} + {-}^{0}_{1}\text{e} && T_{1/2} = 24,1 \text{ Tage} \\
&\quad\hookrightarrow {}^{234}_{92}\text{U}^* + {-}^{0}_{1}\text{e} && 0,59\,\% \text{ mit } T_{1/2} = 1,2 \text{ min} \\
&\qquad\hookrightarrow {}^{234}_{92}\text{U} + 1,001 \text{ MeV } \gamma && T_{1/2} \approx 0 \\
&\qquad\hookrightarrow
\end{aligned}
$$

Nur 0,59 % der Protactiniumatome zerfällt also in den angeregten Zustand des Uran-234, und ein angeregtes Uranatom zerfällt unmittelbar in den Grundzustand unter Aussendung eines hochenergetischen γ-Quants.

Unten aufgeführt finden sich alle relevanten Informationen, die allgemein zugänglich sind und die mit den Messungen der genannten γ-Strahlung zu tun haben. Die Aufgabe besteht also darin, eine Schätzung der Menge an Uran-238 anzugeben, aus der die Quelle bestand. In der Zeitschrift der FOA kann man lesen:

„Nach mehr als vierzigstündigen Messungen konnte man feststellen, daß nicht nur ^{238}U hundertprozentig identifiziert war, sondern auch, daß sich dieser Stoff gleich kiloweise innerhalb des Meßbereichs, also des U-Boots befand."

Leider war es nicht möglich, genauere Aufschlüsse über die Geometrie und Abschwächungseigenschaften (Dämpfung der γ-Strahlung) der unmittelbaren Umgebung der Quelle zu erhalten.

Registrierte Intensität für 1 MeV γ-Strahlung: 500 Zählungen pro Stunde.

Detektoroberfläche: 20 cm^2

Detektoreffektivität für 1 MeV γ-Strahlung: 1 %.

Detektorabstand von der Quelle: 1,5 m.

Dicke des Eisens, das die Strahlung zu durchdringen hat (Torpedorohr + Gehäuse): $\approx$ 24 mm.

Konstante für den Durchgang von 1 MeV γ-Strahlung durch Eisen: 0,5 cm^{-1}.

Zur Geometrie der Quelle lagen wie gesagt keine sicheren Erkenntnisse vor. Im Blatt der FOA wird lediglich auf einen existierenden Typ verwiesen, siehe Bild 23. Welche Dämpfungsverhältnisse bei diesem Typ vorliegen, ist nicht leicht zu erfahren.

Wer Lust dazu hat, kann Überlegungen anstellen, inwieweit die Behauptung gerechtfertigt erscheint, daß die Masse an U-238 in der Quelle von der Größenordnung 1 kg war.

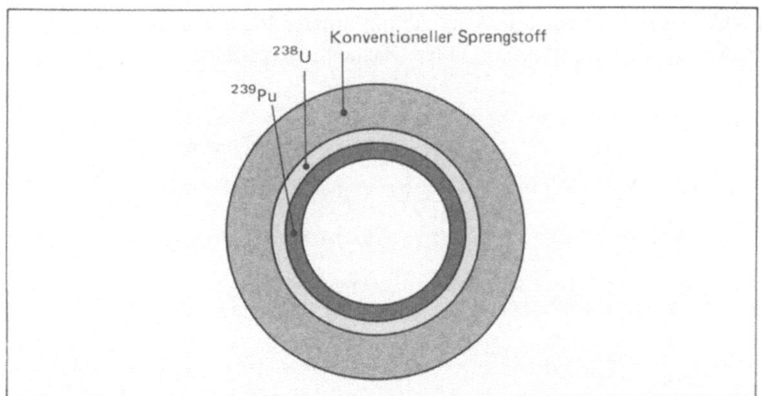

Bild 23 Prinzipskizze für eine Kernladung vom Implosionstyp

Beispiel 14. Es ist möglich, Schulversuche mit kurzlebigen Isotopen vorzunehmen. Wir schauen uns folgenden Prozeß an:

$$^{137}_{55}\text{Cs} \rightarrow {}^{137}_{56}\text{Ba}^* + {}^{0}_{-1}\text{e} \qquad\qquad T_{1/2} = 30 \text{ Jahre}$$

$$\rightarrow {}^{137}_{56}\text{Ba} + 662 \text{ keV}\,\gamma \qquad\qquad T_{1/2} = 2,6 \text{ Minuten}$$

Bei entsprechender Ausstattung läßt sich mit Hilfe eines „Minigenerators" ein Versuch so ausführen, daß zu Beginn (Zeit t = 0) nur Ba*-Atome (angeregte Bariumatome) vorhanden sind. Mit einem Zähler läßt sich nun die γ-Strahlung beim Zerfall in den Grundzustand des Bariums registrieren. Die Aktivität des Ba* stimmt dabei mit der Intensität der γ-Strahlung überein (vgl. Übung 39). Die Intensität wird mittels einer Integration über ein Zeitintervall $[t - T, t]$ mit passend gewählter Konstante T gemessen. T darf dabei einerseits nicht zu klein sein, weil sonst zufällige Variationen das Bild verfälschen, andererseits nicht zu groß, damit die gemessenen Werte noch repräsentativ für den Zeitpunkt t bleiben. Die Integration geschieht mit Hilfe eines geeigneten elektronischen Gerätes.

Das Ergebnis eines Versuches ist in Bild 24 wiedergegeben. Die stochastische Natur des Phänomens ist deutlich zu erkennen, dennoch scheint es naheliegend, die gezeichnete Aktivitätskurve für Ba* durch eine deterministische Kurve zu approximieren.

138

Bei der Behandlung dieses Beispiels sollte man kontrollieren, ob die angegebene Halbwertzeit von 2,6 Minuten angemessen ist (im übrigen beachte man Übung 42).

Beispiel 15.[23] Zur Altersbestimmung mit Hilfe der Theorie des radioaktiven Zerfalls gehören die drei wichtigen Bereiche: organische Materie, vulkanisches Gestein und die Erde überhaupt.

Selbst im Fall einer einfachen Mutter-Tochter-Reaktion mit stabilen Tochteratomen kann die Altersbestimmung selten so einfach geschehen, wie es in Übung 43 angedeutet ist. Einer der Gründe dafür besteht darin, daß zum Entstehungszeitpunkt des in Rede stehenden Materials bereits eine gewisse Menge von Tochteratomen zur Stelle ist. Durch Messungen von mehreren gleichalten Proben läßt sich diese Schwierigkeit überwinden (s. unten). Bei der Altersbestimmung der Erde kann man als weitere Möglichkeit die speziellen Verhältnisse bei Meteoriten ausnützen (insbesondere die Nichtlösbarkeit von Uran in Eisen), um Informationen über die Isotopenzusammensetzung auf der Erde bei ihrer Entstehung zu erhalten.

Wir schauen uns als Beispiel die Altersbestimmung einiger Bergarten in Ontario an. Zur Anwendung kommt die sog. *Rubidium-Strontium-Methode*, die den Prozeß

$$\mathrm{^{87}_{37}Rb} \rightarrow \mathrm{^{87}_{38}Sr} + \mathrm{^{0}_{-1}e}, \qquad T_{1/2} = 5 \cdot 10^{10} \text{ Jahre}$$

benutzt. Die Tochterkerne sind hierbei stabil.

Aus technischen Gründen mißt man keine absoluten Werte für die Anzahl der Rubidium- und Strontiumatome, sondern stattdessen relative Werte im Verhältnis zu Strontium-86 Isotopen. Da Strontium-86 kein Zerfallsprodukt irgendeiner bekannten Zerfallsreihe ist, kann man die Konzentration von Strontium-86 in einer bestimmten Bergart als konstant ansehen. Außerdem stimmt auch das Verhältnis von Strontium-87 zu Strontium-86 für Berge aus der gleichen Region überein.

Wir bezeichnen das Verhältnis $^{87}\mathrm{Sr}/^{86}\mathrm{Sr}$ mit y, entsprechend $^{87}\mathrm{Rb}/^{86}\mathrm{Sr}$ mit x, jeweils die Gegenwartswerte. In Bild 25 sind die zusammengehörenden Werte von x und y für sechs Bergarten der gleichen Region angegeben.

Ausgehend von der Gleichung in Übung 44 überlege man sich, daß die Bergarten ca. 1,7 Milliarden Jahre alt sein müssen.

Beispiel 16. Die Ergebnisse der Fußballweltmeisterschaften (WM) der Jahre 1974, 1978, 1982 und 1986 sind in Tabelle 21 zusammengefaßt, wo jeweils die Anzahl der Spiele ohne Tor, mit einem Tor, mit zwei Toren usw. angegeben sind. Die Ergebnisse der WM '86 sind in Tabelle 22 zusammengestellt.

---

[23] Das Beispiel entstammt dem Buch von Faure [9], (§ 6.2), auf das wir für eine gründliche Diskussion sowie eine umfassende Behandlung dieses faszinierenden Themenkreises verweisen.

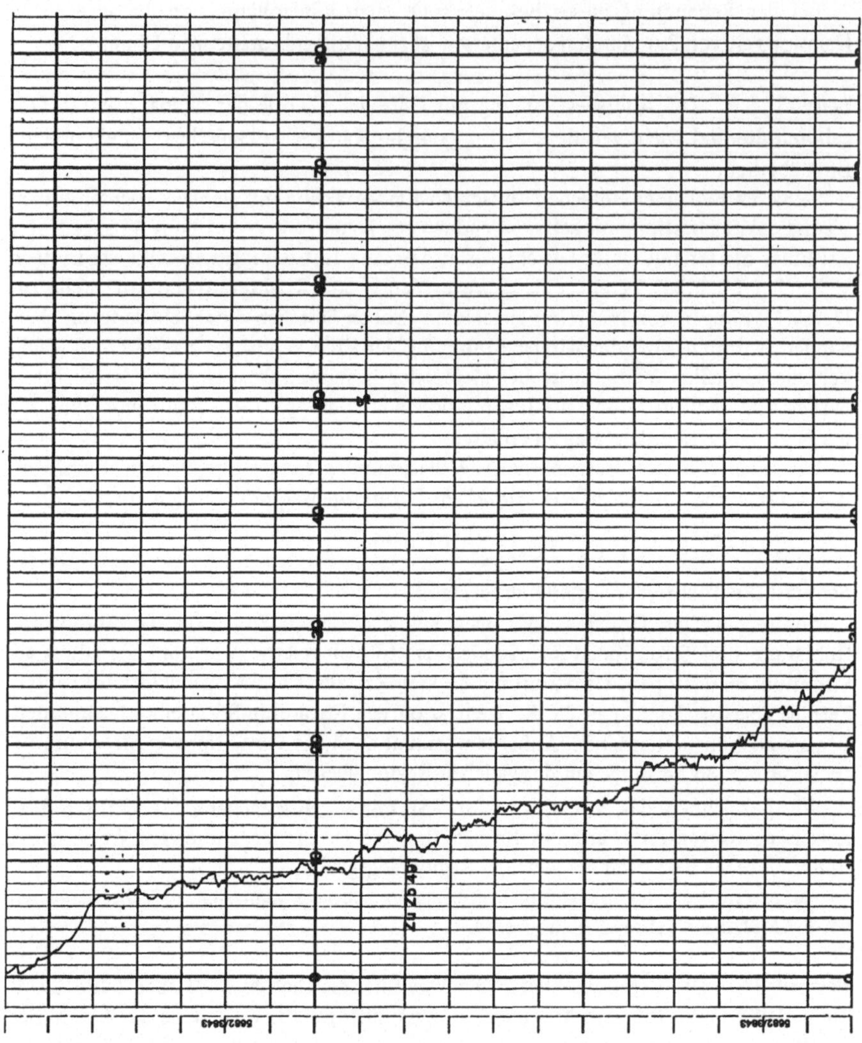

Bild 24 Versuch mit einem Cäsium-Barium Minigenerator. Der automatische Schreiber bewegt sich von rechts nach links, bei drei Teilintervallen pro Minute. Auf der senkrechten Skala sind Zählungen pro Sekunde angegeben. Der Versuch wurde von Malte Olsen ausgeführt.

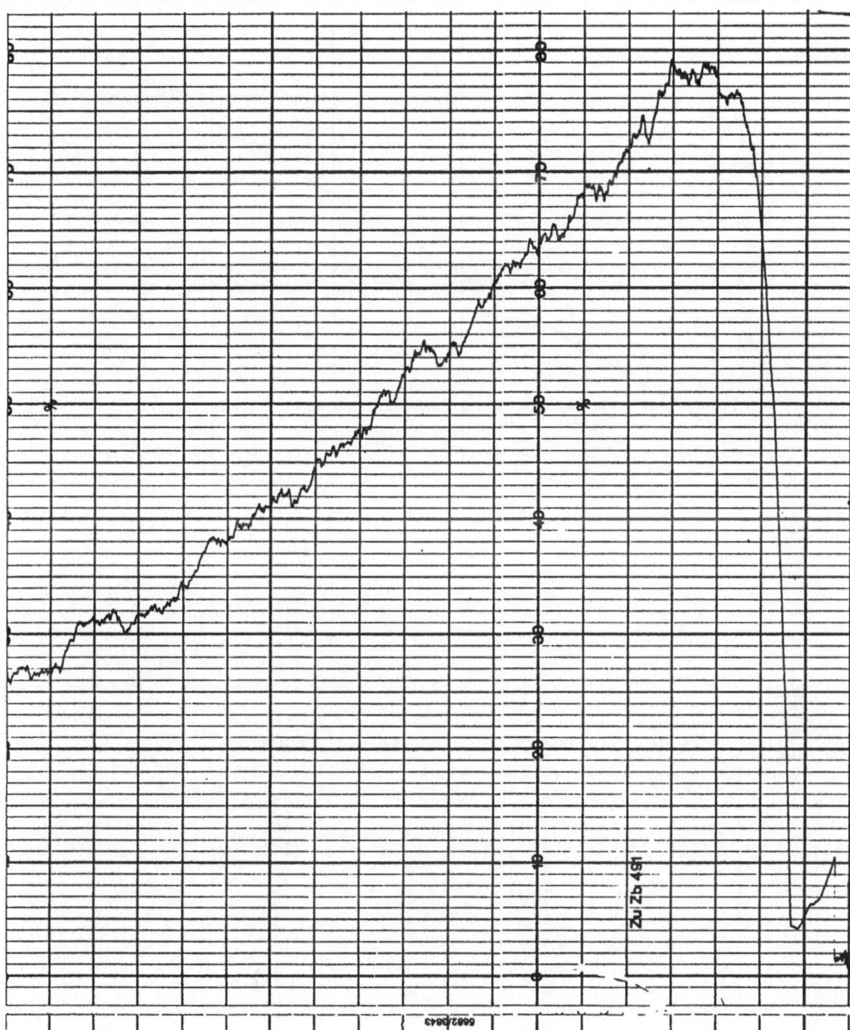

141

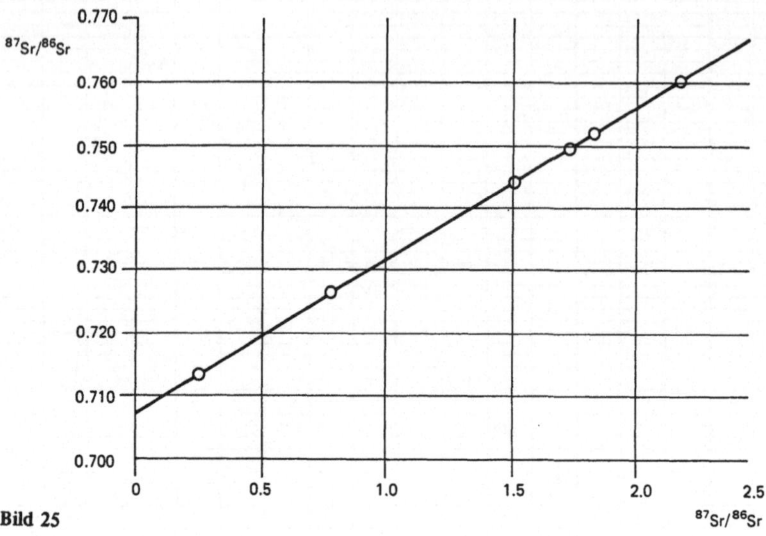

Bild 25

Tabelle 21

Anzahl der Tore	WM 74	WM 78	WM 82	WM 86
0	5	6	7	4
1	6	7	9	10
2	11	3	12	17
3	8	8	7	10
4	2	8	6	5
5	3	3	8	2
6	1	3	1	3
7	1	0	1	1
8	0	0	0	0
9	1	0	0	0
10	0	0	0	0
11	0	0	1	0

Erste Runde

Bulgarien – Italien	1 : 1		Kanada – Frankreich	0 : 1
Argentinien – Südkorea	3 : 1		Sowjetunion – Ungarn	6 : 0
Italien – Argentinien	1 : 1		Frankreich – Sowjetunion	1 : 1
Bulgarien – Südkorea	1 : 1		Ungarn – Kanada	2 : 0
Südkorea – Italien	2 : 3		Frankreich – Ungarn	3 : 0
Argentinien – Bulgarien	2 : 0		Sowjetunion – Kanada	2 : 0
Schottland – Dänemark	0 : 1		Mexiko – Belgien	2 : 1
Uruguay – Deutschland	1 : 1		Paraguay – Irak	1 : 0
Deutschland – Schottland	2 : 1		Mexiko – Paraguay	1 : 1
Uruguay – Dänemark	1 : 6		Irak – Belgien	1 : 2
Dänemark – Deutschland	2 : 0		Paraguay – Belgien	2 : 2
Schottland – Uruguay	0 : 0		Irak – Mexiko	0 : 1
Spanien – Brasilien	0 : 1		Polen – Marokko	0 : 0
Nordirland – Algerien	1 : 1		Portugal – England	1 : 0
Brasilien – Algerien	1 : 0		England – Marokko	0 : 0
Nordirland – Spanien	1 : 2		Polen – Portugal	1 : 0
Brasilien – Nordirland	3 : 0		Portugal – Marokko	1 : 3
Spanien – Algerien	3 : 0		England – Polen	3 : 0

Achtelfinale / Viertelfinale

Achtelfinale			**Viertelfinale**	
Sowjetunion – Belgien	2 : 2		Brasilien – Frankreich	1 : 1
Mexiko – Bulgarien	2 : 0		Deutschland – Mexiko	0 : 0
Brasilien – Polen	4 : 0		Argentinien – England	2 : 1
Argentinien – Uruguay	1 : 0		Spanien – Belgien	1 : 1
Italien – Frankreich	0 : 2			
Marokko – Deutschland	0 : 1			
England – Paraguay	3 : 0			
Dänemark – Spanien	1 : 5			

Halbfinale / Finale

Halbfinale			**Finale**	
Frankreich – Deutschland	0 : 2		Argentinien – Deutschland	3 : 2
Argentinien – Belgien	2 : 0			
			Spiel um den dritten Platz	
			Frankreich – Belgien	2 : 2

Beispiel 17.[24] Bei Patienten mit multipler Sklerose beobachtet man häufig einen an sich harmlosen Zustand, der sich durch schwache Streifen im Umfeld der Netzhautvenen zu erkennen gibt. Wir wollen diesen Zustand mit PR bezeichnen (Periphlebitis Retinae). Sowohl das Auftreten wie auch das Verschwinden von PR geschieht anscheinend ohne äußeren Grund und wird von Patienten nicht erkannt. Erkennbar wird PR

---

[24] Das Beispiel stammt aus einem Artikel von Tine Engell und Per Kragh Andersen in den *Acta Neurologica Scandinavica*, 1982.

nur bei klinischer Untersuchung, die im übrigen mit einer gewissen Unsicherheit behaftet ist.

In der Literatur werden Fälle wiederholten Auftretens von PR beim gleichen Patienten bisher nicht berichtet. Man interessiert sich aber dafür, ob das eintreten kann, da diese prinzipielle Möglichkeit der wissenschaftlichen Medizin weitere Anhaltspunkte über den Charakter der multiplen Sklerose geben könnte, deren Ursache bislang noch unbekannt ist.

Im folgenden geben wir das Quellenmaterial in etwas vereinfachter Form wieder.

Die mittlere Dauer der multiplen Sklerose wird auf 30 Jahre geschätzt. Von den insgesamt 3021 Patienten, über die in der Literatur berichtet wurde, hatten 346 zum Zeitpunkt der Untersuchung PR (wegen der schwierigen Untersuchung wurden vermutlich eine Reihe von PR-Fällen nicht registriert).

In ganz wenigen Fällen — es waren 25 — versuchte man, die restliche Dauer von PR zu bestimmen, d.h. die Zeit vom Entdecken bis zum Verschwinden von PR. Tabelle 23 zeigt die Ergebnisse.

Tabelle 23

Restliche Dauer r, ungefährer Wert in Monaten	Anzahl der Patienten
2	3
3	2
5	1
6	4
12	1
25	1
$1 \leq r \leq 12$	1
$1 \leq r \leq 16$	1
$12 \leq r \leq 20$	1
$1\frac{1}{2} \leq r$	1
$3 \leq r$	1
$4 \leq r$	1
$5 \leq r$	2
$10 \leq r$	1
$11 \leq r$	2

Die Verfasser des genannten Artikels schließen, man könne annehmen, daß PR mehrfach im Leben eines Patienten auftreten könne (im Durchschnitt $3\frac{1}{2}$ mal). Bei der Behandlung dieses Beispiels hat man die Aufgabe, zu dieser Folgerung Stellung zu nehmen. Man kann ein Modell für die Verteilung der Gesamtdauer von PR aufstellen, und deren Mittelwert aus den gegebenen Daten zu schätzen versuchen (die Fußnote zu Übung 22 kann hierbei von Nutzen sein).

144

Beispiel 18.[25]   Bakteriophagen sind eine Art Virus, die sich gegenüber Bakterien parasitär verhalten. Sie formieren sich, um in Bakterienzellen einzudringen. Ist eine Bakterie infiziert, vergeht eine gewisse Zeit, in der sich neue Bakteriophagen bilden. Irgendwann wird dann die Bakterienzellwand gesprengt, und die neu entstandenen Bakteriophagen werden frei. Die Bakterie wird dabei zerstört; der Entstehungsprozeß kann sich fortsetzen.

Es gibt zahlreiche Experimente, die diese Theorie bekräftigen und weiter vertiefen, die auf F. d'Herelle im Jahre 1917 zurückgeht. In einem 1938 von E. L. Ellis und M. Delbrück, zwei Pionieren auf dem Gebiet, durchgeführten Versuch ging es vor allem darum, eine Schätzung der Anzahl von Bakteriophagen zu erhalten, die von einer einzigen infizierten Bakterie freigelassen werden.

Im Versuch wurde einer Colibakterienkultur eine stark verdünnte Lösung mit Bakteriophagen zugesetzt. Nach zehn Minuten konnte man damit rechnen, daß fast jedes Bakteriophag in eine Bakterienzelle eingedrungen war. Nach weiterer Verdünnung wurden 40 Proben in kleine Reagenzgläser gefüllt, die je 0,05 ml enthielten. Die Verdünnung sollte sicherstellen, daß die Proben nur ganz wenige, evtl. überhaupt keine Bakteriophagen enthielten. Nach einer Inkubationszeit (Brutzeit) von 200 Minuten wurde in jedem Reagenzglas die Gesamtzahl der Bakteriophagen mit Hilfe einer Standardtechnik gezählt. Dabei wird die Lösung über eine Agarplatte ausgeschüttet, die speziell mit Indikatorbakterien präpariert ist, woraufhin man die entstandenen *Flecken* zählt (sichtbar helle Gebiete, bedingt durch den Angriff der Bakteriophagen). Jeder Flecken entspricht einem Bakteriophag. Die aus dieser Zählung resultierenden Ergebnisse sind in Tabelle 24 wiedergegeben.

Leser mit Kenntnissen der Normalverteilung sind möglicherweise imstande, ein vernünftiges Modell für das gesamte Datenmaterial aufzustellen, aber das ist nicht notwendig, um nützliche Schlüsse über die Zahl der pro infizierter Bakterienzelle gebildeten Bakteriophagen zu ziehen. Anzumerken ist, daß die sehr kleinen (positiven) Zahlen, die hier vorkommen, eventuell der Anwesenheit einiger Bakteriophagen zuzuschreiben sind, die zum Zeitpunkt der Probenentnahme nicht an eine bestimmte Bakterienzelle gebunden waren.

Schließlich weisen wir auf die Möglichkeit hin, ähnliche Versuche in der Schule selbst durchzuführen.

Tabelle 24 Zählungen der Flecken aus 40 Proben

0	26	123	31	0	0	45	0
130	0	83	0	0	48	0	190
0	0	0	0	0	1	0	0
0	0	9	5	53	0	0	9
58	0	0	0	0	72	0	0

---

[25] Wir verweisen auf G. S. Stent: *Molecular Biology of Bacterial Viruses* (Freeman, San Francisco 1963), vor allem Kapitel 4. Bei der Abfassung dieses Beispiels hat mir Lektor Eric Bahn geholfen.

Programme

Die Programme wurden in GW-BASIC (Microsoft) geschrieben und getestet sowohl auf einem tragbaren Computer, dem ai-PC16 von AI-Electronics, als auch auf einem IBM Personal System/2, Modell 50. Nur die einfachsten BASIC-Befehle werden verwendet.

Wenn man Programme schreibt, wird man oft danach streben, sie numerisch robust, schnell, kompakt und anwenderfreundlich zu gestalten (z. B. durch erklärende Texteinschübe). Alle diese Kriterien haben wir nicht sonderlich berücksichtigt. Wesentlich ist, daß der Leser die Wirkungsweise der Programme versteht, so daß er sie seinem Geschmack und seiner Ausstattung anpassen kann. Naheliegend wird es sein, das Einlesen der Daten von speziellen Dateien zu steuern und den Ausdruck mit Hilfe von PRINT USING Befehlen zu verfeinern. Die Programme lassen sich aber auch ohne Änderung direkt anwenden.

Die einzelnen Programmteile P1–P8, auf die im Text Bezug genommen wird, sind mit Hilfe des Steuerungsprogrammes P0 zu einem Programm zusammengefaßt worden. Jedes einzelne der Programme P1–P8 läßt sich leicht auch als selbständiges Programm implementieren. Die Programme sind am Ende dieses Kapitels abgedruckt. Dort findet man auch die Ergebnisse eines Ablaufs, für den die Daten aus Kapitel 16 (Tabelle 6) eingegeben wurden. Um die Intentionen der Programme zu verstehen, studiere man vielleicht am besten diesen Ablauf.

Die untenstehenden Bemerkungen dienen zur weiteren Erklärung der Funktion der einzelnen Teilprogramme.

P1: Datenspeicherung

Mit diesem Programm lassen sich Daten abspeichern, die von einem ganzzahligen Index abhängen, und gewisse mit diesen Daten zusammenhängende Parameter ausrechnen (s. unten). Das Programm besteht hauptsächlich aus drei Teilen, einem Inputteil (Zeilen 1000–1090), einem Kontrollteil (Zeilen 1140–1190) sowie einem Korrekturteil (Zeilen 1200–1250).

Wir wollen annehmen, daß die Zahlen $x(k)$ für $k = k_1, k_1 + 1, ..., k_2 - 1, k_2$ gespeichert werden sollen. Der minimale und der maximale Wert von k werden eingetastet und in E bzw. F gespeichert. Das Programm setzt $G = F - E$. Da viele der von uns untersuchten Datensätze eine Zeitkonstante enthalten, ist die Möglichkeit vorgesehen, diese einzutippen und in T zu speichern. Im Rutherford-Geiger-Versuch beispielsweise ist $T = 7{,}5$. Enthält die Datei keine Zeitkonstante, wird T vom Programm gleich 1 gesetzt.

Die Zahlen $x(k)$ werden entsprechend den auf dem Schirm angezeigten Werten von k nacheinander eingegeben; gelagert sind sie dann in $A(k - k_1)$, $k = k_1, ..., k_2$. Die dafür nötigen Speicherplätze werden in Zeile 1030 eingerichtet.

Nach Beendigung der Eingabe ist $U = \overset{G}{\underset{0}{\Sigma}} A(N)$, $V = \overset{G}{\underset{0}{\Sigma}} (N + E) A(N)$ und $W = \overset{G}{\underset{0}{\Sigma}} (N + E)^2 A(N)$.

Bei der Kontrolle erscheinen die gespeicherten Zahlen als Vektor $A(0)$, $A(1)$, ..., $A(G - 1)$, $A(G)$.

Geht man aus dem Menü in Zeile 1100 weiter zum Korrekturteil, so lassen sich falsch eingegebene Zahlen korrigieren. Sind alle Berichtigungen ausgeführt, so ist $A(N) = x(N + E)$, $N = 0, 1, ..., G$, und $U = \Sigma x(k)$, $V = \Sigma k \cdot x(k)$ und $W = \Sigma k^2 \cdot x(k)$. Definitionsgemäß ist U das *nullte*, V das *erste* und W das *zweite Moment*. Bei der Kontrolle werden diese zusammen mit der beobachteten Intensität pro Zeiteinheit angezeigt (wenn die Zahlen von Bedeutung sind wie etwa beim Rutherford-Geiger-Versuch).

Hier eine kleine Illustration numerischer Probleme: Werden Daten nach der Eingabe geändert, und macht man diese Änderung wieder rückgängig, sollte man wieder die ursprünglichen richtigen Werte erhalten. Das ist aber keineswegs sicher (!). Als sehr allgemeine Richtschnur bei numerischen Berechnungen mag gelten, daß man mit Zahlen und Operationen arbeitet, die nicht extrem voneinander abweichen.

P2: Tabellierung von Poisson- und Binomialverteilungen

Das Programm führt zu einer Tabellierung sowohl der Einzelwahrscheinlichkeiten p_k wie auch der akkumulierten Werte $p_0 + p_1 + ... + p_k$, eventuell multipliziert mit einer Konstanten (die in M gespeichert ist).

Wünscht man die Poissonverteilung, wird 1 eingetastet, für die Binomialverteilung stattdessen 2. Außerdem gibt man eine Zahl ein (in D zu speichern), die den kleinsten Wert von $M \cdot p_k$ angibt, der zum Ausdruck führen soll.

Die Zahlen $M \cdot p_k$ werden mit A benannt (zuerst erhält A den Wert $M \cdot p_0$, dann den Wert $M \cdot p_1$, usw.), und die zugehörigen akkumulierten Zahlen $M \cdot (p_0 + p_1 + ... + p_k)$ kommen nach B. Ist $M \cdot p_k \geqslant D$, wird der Wert von k (gespeichert in K) zusammen mit den Zahlen $M \cdot p_k$ und $M \cdot (p_0 + p_1 + ... + p_k)$ ausgedruckt.

Das Programm basiert auf den Rekursionsformeln:

$$p_k = p_{k-1} \cdot \lambda \cdot k^{-1}, \qquad k = 1, 2, ...$$

$$\text{(Poissonverteilung)}$$

$$p_k = p_{k-1} \cdot (n - k + 1) \cdot k^{-1} \cdot p \cdot (1 - p)^{-1}, \qquad k = 1, 2, ..., n.$$

$$\text{(Binomialverteilung)}.$$

P3: Berechnung der Totzeit mit einer speziellen Formel

Die zur Anwendung kommende Formel ist Gl. (42). Zusammen mit Gl. (41) dient sie zur Bestimmung der Totzeit h und der Intensität λ. Ein vorausgehender Lauf des Programmes P1 ist erforderlich.

Hauptbestandteil des Programmes ist das Unterprogramm Zeilen 3140–3190, in dem die Differenz J zwischen der rechten und der linken Seite in Gl. (42) für einen gegebenen Wert von h (der in H gespeichert ist) ausgerechnet wird.

Zwei Schätzwerte für h (in A und B gespeichert), von denen einer auch Null sein darf, bilden den Input dieses Programms. Mit Hilfe des Unterprogramms findet man die zugehörigen Differenzen (gespeichert in P und R), und eine einfache lineare Interpolation liefert den nächsten Schätzwert für h (vorläufig in C gespeichert). Der Prozeß wird iteriert und erst dann gestoppt, wenn beide Differenzen, die zu den jeweiligen zwei h-Werten gehören, gleich Null sind (es sei denn, man bricht die Iterationen schon vorher ab). Danach werden die gefundenen Werte für h und λ ausgedruckt (und in H bzw. L gespeichert).

Unterwegs werden bei jeder Iteration die zwei h-Werte mit den zugehörigen Differenzen angezeigt. Dadurch läßt sich der Prozeß genau verfolgen und eine eventuelle numerische Instabilität leicht feststellen. Auch erhält man die Möglichkeit, den Prozeß abzubrechen, wenn man mit der erreichten Genauigkeit zufrieden ist.

Das Programm läßt sich so modifizieren, daß es zur Bestimmung der Nullstellen ganz willkürlicher Funktionen geeignet wird (man ersetze das Unterprogramm Zeilen 3140–3190 durch eines, das für gegebenes H den zugehörigen Funktionswert berechnet).

Man sollte darauf hinweisen, daß das Programm möglicherweise nicht von alleine stoppt. Dieser Fall kann etwa dann eintreten, wenn das Unterprogramm für keinen Wert von h die Differenz 0 ergibt (auch wenn das bei exakter Rechnung ausgeschlossen ist).

P4: Tabellierung der modifizierten Poissonverteilung

Die Berechnungen erfolgen gemäß Gl. (40). Als Input wird nach T, H und L gefragt, die in Gl. (40) mit t, h und λ bezeichnet sind. Hat man diese Größen durch Anwendung der Programme P1 und P3 bestimmt, können diese Werte direkt weiterverwendet werden.

Um unnötige Berechnungen zu vermeiden, wird nach dem kleinsten und größten N gefragt, für das die Bestimmung der (akkumulierten) Wahrscheinlichkeiten gewünscht wird. Außerdem besteht die Möglichkeit, die oben genannten Größen mit einer Konstanten (die in M gespeichert wird) vor der Ausgabe zu multiplizieren. Das ist für die Berechnung von Erwartungswerten bequem; ist das Programm P1 zuvor abgelaufen, kann man M = U setzen.

Zur Organisation der Berechnungen sei angeführt, daß die vorausgehende akkumulierte Wahrscheinlichkeit (multipliziert mit M) in Q gespeichert wird, während der entsprechende aktuelle Wert sich in S befindet. Das Unterprogramm Zeilen 4180–4240 berechnet für gegebenes N die zugehörige akkumulierte Wahrscheinlichkeit, multipliziert mit M, und speichert den Wert in S.

P5: Berechnung der Minus-log-likelihood-Funktion für das modifizierte Poissonmodell

Für gegebene Werte von h und λ (die sich in H und L befinden) berechnet das Programm den negativen natürlichen Logarithmus der Likelihood-Funktion für die modifizierte Poissonverteilung mit den Parametern λ, h und T entsprechend einer Stichprobe, die vorher mit Hilfe von P1 eingegeben wurde. Das Unterprogramm der Zeilen 5180–5240 ist im wesentlichen identisch mit dem aus P4.

P6: Totzeitbestimmung bei der Zwei-Quellen-Methode

Das Programm benützt Gl. (52) von Übung 35. Die gefundene Totzeit wird in K gespeichert.

P7: χ^2-Test auf Übereinstimmung mit einer Poissonverteilung

Dieses Programm macht das vorausgehende Eintippen der Beobachtungsdaten via P1 erforderlich. Normalerweise wird L als Wert von λ benutzt. Das Programm bietet die Möglichkeit, daß dieser Wert für λ wie auch die Gruppierungsgrenze 5 automatisch benutzt werden.

Die zur Verwendung kommende Gruppierung wird aus L und der Gruppierungsgrenze X bestimmt, unabhängig von den Beoachtungsdaten; vgl. die Diskussion im Anschluß an Satz 4 in Kapitel 17.

Die Struktur des Programmes ist leicht zu entwirren, wenn man die Bedeutung der benutzten Speicherplätze kennt. K ist ein Parameter, der die Werte 0, 1, 2, ... annimmt. Die erwartete Anzahl von Beobachtungen, die genau den Wert K annehmen, wird in A gespeichert. Die erwartete Zahl von Beobachtungen mit einem Wert $\leqslant$ K kommt nach B. In Q wird die akkumulierte erwartete Anzahl von Beobachtungen, die sich auf alle vorher behandelten Gruppen bezieht, gespeichert. N beinhaltet die tatsächliche Beobachtungszahl der gerade behandelten Gruppe. Der unterwegs berechnete Beitrag zur Diskrepanz wird in D aufsummiert, so daß D zum Schluß (Zeile 7150) den richtigen Wert hat. Schließlich zählen wir in J die Gruppenzahl unserer Gruppierung.

Nachdem jede Gruppe gebildet ist, wird die größte Zahl in der Gruppe ausgedruckt, zusammen mit der zu dieser Gruppe gehörigen Beobachtungsanzahl, der erwarteten Anzahl von Beobachtungen in der Gruppe und der akkumulierten erwarteten Anzahl der bis dahin gebildeten Gruppen (Zeile 7090). Die letzte Gruppe besteht aus allen natürlichen Zahlen, die größer als eine gewisse Zahl sind. Das wird durch den Ausdruck des Zeichens ˆ gekennzeichnet. Der Ausdruck endet mit der Angabe der Diskrepanz und der Anzahl der Gruppen in der Gruppierung.

Die Anwendung dieses Programms macht in einem gewissen Grade P2 überflüssig.

P8: χ^2-Test auf Übereinstimmung mit der modifizierten Poissonverteilung

Im Prinzip arbeitet dieses Programm analog zu P7. Auch hier muß P1 vorher durchlaufen werden. Als Input werden die Totzeit und die Intensität verlangt, die sich z. B. mit P3 bestimmen lassen (und in diesem Fall automatisch zur Verfügung stehen). Eine Gruppierungsgrenze ist anzugeben (vorgeschlagen wird 5) und aus Zeitersparnis der Wert des Parameters K (Bedeutung wie in P7), mit dem man die Berechnungen zu starten wünscht. Dieser in C gespeicherte Wert sollte so groß wie möglich gewählt werden, aber noch so, daß $U \cdot P_{\lambda,h}(N_{reg}(t) \leqslant C)$ unter der Gruppierungsgrenze bleibt.

Das Unterprogramm in Zeile 8240–8280 berechnet für gegebenes K $(\geqslant 1)$ den Wert $P_{\lambda,h}(N_{reg}(t) \leqslant K)$ und speichert ihn in B.

Im Unterschied zu P7 wird außer mit B auch noch mit dem zuletzt akkumulierten Wert $P_{\lambda,h}(N_{reg}(t) \leqslant K - 1)$ gearbeitet, der in P gespeichert wird.

Die Anwendung dieses Programms macht in einem gewissen Grade P4 überflüssig.

P0

```
10   O$="****************":PRINT O$+O$;"  BEGIN  ";O$+O$
20   INPUT "Wahl der Programm-Sektion (1/2/3/4/5/6/7/8) oder Ende<ENTER>:",I$
30   IF I$="" GOTO 130
40   PRINT O$+O$;" Begin P";I$;O$+O$
50   IF I$="1" GOTO 1000
60   IF I$="2" GOTO 2000
70   IF I$="3" GOTO 3000
80   IF I$="4" GOTO 4000
90   IF I$="5" GOTO 5000
100  IF I$="6" GOTO 6000
110  IF I$="7" GOTO 7000
120  IF I$="8" GOTO 8000
130  IF I$="" THEN INPUT "sicher<ENTER>/ zurück(sonst):",I$
140  IF I$="" THEN PRINT O$+O$;"   ENDE   ";O$+O$:END
150 GOTO 20
```

P1

```
1000 INPUT "                 min# ";E
1010 INPUT "                 max# ";F
1020 INPUT "Zeit (default=1) ";T:IF T=0 THEN T=1
1030 G=F-E:DIM A(G)
1040 U=0:V=0:W=0
1050    FOR N=0 TO G
1060    R=N+E:PRINT R;:INPUT A(N)
1070    Q=A(N):U=U+Q:V=V+R*Q:W=W+R^2*Q
1080    NEXT N
1090 L=V/U/T:PRINT
1100 INPUT "              Kontrolle(1)/ Korrektur(2)/ Ende P1<ENTER>:",I
1110 PRINT:IF I=1 GOTO 1140
1120 IF I=2 GOTO 1200
1130 PRINT O$+O$;" Ende P1 ";O$+O$:GOTO 20
1140    FOR N=0 TO G
1150    PRINT A(N);:IF N<G THEN PRINT ",";
1160    NEXT N: PRINT
1170 PRINT "Momente (0/1/2): ";U;V;W
1180 PRINT "Beobachtete Intensität (# Ereignisse pro Zeiteinheit):";L
1190 PRINT:GOTO 1100
1200 INPUT "Korrektur von Nr.: ",R
1210 INPUT "     Wahrer Wert : ",Q:PRINT
1220 IF (R-E)*(F-R)<0 GOTO 1200
1230 N=R-E:D=Q-A(N):A(N)=Q
1240 U=U+D:V=V+R*D:W=W+R^2*D
1250 GOTO 1090
```

```
2000 INPUT "Poisson-Verteilung(1)/ Binomial-Verteilung(2):",X:PRINT
2010 IF X<>1 THEN IF X<>2 GOTO 2210
2020 IF X=1 THEN PRINT "Wenn Lambda =";L;"<ENTER>, sonst neuer Lambda-Wert";
2030 IF X=1 THEN INPUT ":",I:IF I<>0 THEN L=I
2040 IF X=2 THEN INPUT "n ";N:INPUT "p ";P
2050 INPUT "                         Multiplikator (default=1) ";M:IF M=0 THEN
     M=1
2060 INPUT " Minimalwert (Wahrsch.* Multiplik.) beim Ausdruck ";D
2070 INPUT "          Maximalwert von k (Anzahl) beim Ausdruck ";I:PRINT
2080 IF X=1 THEN A=M/EXP(L)
2090 IF X=2 THEN A=M*(1-P)^N
2100 IF X=1 THEN PRINT "POISSONVERTEILUNG mit Lambda =";L;
2110 IF X=2 THEN PRINT "BINOMIALVERTEILUNG mit n =";N;",";"p =";P;
2120 PRINT "   (Multiplikator =";M;")":PRINT
2130 K=0:B=A:J=0
2140 IF A>=D THEN PRINT K;": ";A;" ";B:J=J+1:IF J=18 GOTO 2190
2150 K=K+1:IF K>I GOTO 2210
2160 IF X=1 THEN A=A*L/K
2170 IF X=2 THEN A=A*(N-K+1)/K*P/(1-P)
2180 B=B+A:GOTO 2140
2190 INPUT "weiter<ENTER>/ Ende(sonst):",I$
2200 IF I$="" THEN J=0:GOTO 2150
2210 PRINT O$+O$;" Ende P2 ";O$+O$:GOTO 20
```



```
3000 IF V^2/U<W-V THEN PRINT "h=0, Lambda=";V/U/T:GOTO 3130
3010 INPUT " erster Schätzwert ";A
3020 INPUT "zweiter Schätzwert ";B:PRINT
3030 H=A:GOSUB 3140:P=J:Z=1
3040 H=B:GOSUB 3140:R=J
3050 PRINT "Iteration Nr.";Z;":";A;P:PRINT "               ";B;R:Z=Z+1
3060 IF INT(Z/9)=Z/9 THEN INPUT "Fortsetzung<ENTER>/ Abbruch(sonst)",I$
3070 IF INT(Z/9)=Z/9 THEN IF I$<>"" GOTO 3130
3080 IF P=R THEN C=(A+B)/2:IF P=0 GOTO 3120
3090 IF P<>R THEN C=A+P*(B-A)/(P-R)
3100 IF ABS(C-A)<=ABS(C-B) THEN B=C:GOTO 3040
3110 A=B:P=R:B=C:GOTO 3040
3120 L=1/(U*T/V-C):H=C:PRINT:PRINT "h=";H,"Lambda=";L
3130 PRINT O$+O$;" Ende P3 ";O$+O$:GOTO 20
3140    S=0
3150       FOR K=0 TO G
3160       S=S+(K+E)*(K+E-1)*A(K)/(T-(K+E)*H)
3170       NEXT K
3180    J=V/(U*T/V-H)-S
3190    RETURN
```



```
4000 PRINT "Wenn: T =";T
4010 PRINT "      h =";H
4020 PRINT "      Lambda =";L
4030 PRINT "dann<ENTER>";:INPUT ":",I$
4040 IF I$="" GOTO 4080
4050 INPUT "         Zeit (default=1) ";T:IF T=0 THEN T=1
4060 INPUT "              h-Wert ";H
4070 INPUT "             Lambda ";L:PRINT
4080 INPUT "          n-Minimum ";C
4090 INPUT "          n-Maximum ";D
4100 INPUT "Multiplikator (default=1) ",M:PRINT:IF M=0 THEN M=1
4110 PRINT "MODIFIZIERTE   POISSONVERTEILUNG"
4120 PRINT "h =";H
4130 PRINT "Lambda =";L
4140 PRINT "T =";T
```

```
4150 PRINT "( Multiplikator =";M;")":PRINT
4160 J=0:N=C-1:GOSUB 4240:Q=S
4170    FOR N=C TO D
4180    GOSUB 4240
4190    PRINT N;":";S-Q;" ";S:J=J+1
4200    IF J=18 THEN J=0:STOP
4210    Q=S
4220    NEXT N
4230 PRINT O$+O$;" Ende P4 ";O$+O$:GOTO 20
4240    IF N<0 THEN S=0:RETURN
4250    Y=L*(T-N*H):Z=M*EXP(-Y):S=Z
4260    IF N=0 THEN RETURN
4270       FOR K=1 TO N
4280       Z=Z*Y/K:S=S+Z
4290       NEXT K
4300    RETURN
```

P5

```
5000 HALT=H:LALT=L:PRINT "T =";T;" vorausgesetzt"
5010 PRINT "Wenn h =";H;" dann<ENTER>";:INPUT ":",I$
5020 IF I$="" GOTO 5040
5030 INPUT "h-Wert ";H
5040 I=1/(U*T/V-H)
5050 PRINT "zugehöriges Lambda:";I;" wenn OK, dann<ENTER>";:INPUT ":",I$
5060 IF I$="" GOTO 5080
5070 INPUT "Lambda ";L
5080 R=0:N=E-1:GOSUB 5180:Q=S
5090    FOR N=E TO F
5100    GOSUB 5180
5110    R=R-A(N-E)*LOG(S-Q)
5120    Q=S
5130    NEXT N
5140 PRINT "-LogLikelihood=";R
5150 INPUT "Noch ein Wert<ENTER>/ Ende(sonst):",I$
5160 IF I$="" GOTO 5030
5170 H=HALT:L=LALT:PRINT O$+O$;" Ende P5 ";O$+O$:GOTO 20
5180    IF N<0 THEN S=0:RETURN
5190    Y=L*(T-N*H):Z=EXP(-Y):S=Z
5200    IF N=0 THEN RETURN
5210       FOR K=1 TO N
5220       Z=Z*Y/K:S=S+Z
5230       NEXT K
5240    RETURN
```

P6

```
6000 PRINT "Achtung: Zählungen pro Zeiteinheit"
6010 PRINT "unter Einbezug des Hintergrundes eintragen!"
6020 INPUT "   Quelle 1 ";A
6030 INPUT " Quelle 1+2 ";B
6040 INPUT "   Quelle 2 ";C
6050 INPUT "Hintergrund ";D
6060 A=A-D:B=B-D:C=C-D
6070 IF A+C<=B THEN PRINT "h=0":GOTO 6100
6080 K=1/B*(1-SQR(1-B*(A+C-B)/A/C))
6090 PRINT "h=";K:GOTO 6100
6100 PRINT O$+O$;" Ende P6 ";O$+O$:GOTO 20
```

```
7000 X=5
7010 PRINT "Wenn: Lambda =";L
7020 PRINT "        Gruppierungsschranke =";X
7030 PRINT "dann<ENTER>";
7040 INPUT ":",I$:IF I$="" GOTO 7070
7050 INPUT "             Lambda ";L
7060 INPUT "Gruppierungsschranke ";X
7070 PRINT:A=U/EXP(L*T):B=A:K=0:Q=0:D=0:J=1:N=0:IF E=0 THEN N=A(0)
7080 IF B-Q>=X GOTO 7110
7090 K=K+1:A=A*L*T/K:B=B+A:IF E<=K THEN IF K<=F THEN N=N+A(K-E)
7100 GOTO 7080
7110 IF U-B<=X GOTO 7150
7120 D=D+N^2/(B-Q):PRINT K;":";N;B-Q;B:J=J+1:Q=B:N=0
7130 IF INT(J/19)=J/19 THEN STOP
7140 GOTO 7090
7150 IF K+1>=E THEN IF K+1<=F THEN FOR I=K+1 TO F: N=N+A(I-E):NEXT I
7160 D=D+N^2/(U-Q)-U
7170 PRINT "   ^ :";N;U-Q;U
7180 PRINT "D =";D;J;" Gruppen"
7190 PRINT O$+O$;" Ende P7 ";O$+O$:GOTO 20
```



```
8000 X=5
8010 PRINT "Wenn: h =";H
8020 PRINT "         Lambda =";L
8030 PRINT "         Gruppierungsschranke =";X
8040 PRINT "dann<ENTER>";
8050 INPUT ":",I$:IF I$="" GOTO 8090
8060 INPUT "h                    ",H
8070 INPUT "Lambda               ",L
8080 INPUT "Gruppierungsschranke ",X
8090 INPUT "k-Minimum ";C
8100 K=C:Q=0:D=0:J=1
8110 N=0:IF E<=C THEN FOR I=E TO C:N=N+A(I-E):NEXT I
8120 IF C=0 THEN P=0:B=U/EXP(L*T)
8130 IF C=1 THEN P=U/EXP(L*T):GOSUB 8280
8140 IF C>1 THEN K=C-1:GOSUB 8280:P=B:K=C:GOSUB 8280
8150 IF B-Q>=X GOTO 8200
8160 K=K+1:P=B:GOSUB 8280
8170 IF E<=K THEN IF K<=F THEN N=N+A(K-E)
8180 GOTO 8150
8190 IF U-B<=X GOTO 8230
8200 IF U-B>X THEN D=D+N^2/(B-Q):PRINT K;":";N;B-Q;B:J=J+1:Q=B:N=0
8210 IF U-B>X THEN IF INT(J/19)=J/19 THEN STOP
8220 IF U-B>X GOTO 8160
8230 IF K+1>=E THEN IF K+1<=F THEN FOR I=K+1 TO F:N=N+A(I-E):NEXT I
8240 D=D+N^2/(U-Q)-U
8250 PRINT "   ^ :";N;U-Q;U
8260 PRINT "D =";D;J;" Gruppen"
8270 PRINT O$+O$;" Ende P8 ";O$+O$: GOTO 20
8280     Y=L*(T-K*H):Z=U/EXP(Y):B=Z
8290         FOR I=1 TO K
8300         Z=Z*Y/I:B=B+Z
8310         NEXT I
8320     RETURN
```

Ablauf der Programme P1–P8 mit konkreten Daten

```
GW-BASIC 3.22
(C) Copyright Microsoft 1983,1984,1985,1986,1987
60300 Bytes free
Ok
LOAD"P1-8"
Ok
RUN
******************************** BEGIN ********************************
Wahl der Programm-Sektion (1/2/3/4/5/6/7/8) oder Ende<ENTER>:1
**************************** Begin P1********************************
              min# ? 60
              max# ? 100
Zeit (default=1) ?
 60 ? 3
 61 ? 1
 62 ? 1
 63 ? 4
 64 ? 2
 65 ? 4
 66 ? 4
 67 ? 6
 68 ? 9
 69 ? 11
 70 ? 8
 71 ? 11
 72 ? 17
 73 ? 13
 74 ? 19
 75 ? 19
 76 ? 14
 77 ? 14
 78 ? 16
 79 ? 10
 80 ? 8
 81 ? 10
 82 ? 11
 83 ? 9
 84 ? 5
 85 ? 5
 86 ? 3
 87 ?
 88 ? 3
 89 ? 2
 90 ? 3
 91 ?
 92 ?
 93 ?
 94 ? 3
 95 ? 3
 96 ?
 97 ?
 98 ?
 99 ?
 100 ? 1

              Kontrolle(1)/ Korrektur(2)/ Ende P1<ENTER>:1

 3 , 1 , 1 , 4 , 2 , 4 , 4 , 6 , 9 , 11 , 8 , 11 , 17 , 13 , 19 , 19 , 14 ,
 14 , 16 , 10 , 8 , 10 , 11 , 9 , 5 , 5 , 3 , 0 , 3 , 2 , 3 , 0 , 0 , 0 , 3 ,
 3 , 0 , 0 , 0 , 0 , 1
Momente (0/1/2):  252  19086  1457602
Beobachtete Intensität (# Ereignisse pro Zeiteinheit): 75.7381

              Kontrolle(1)/ Korrektur(2)/ Ende P1<ENTER>:2
```

Korrektur von Nr.: 95
    Wahrer Wert : 0

            Kontrolle(1)/ Korrektur(2)/ Ende P1<ENTER>:1

 3 , 1 , 1 , 4 , 2 , 4 , 4 , 6 , 9 , 11 , 8 , 11 , 17 , 13 , 19 , 19 , 14 ,
 14 , 16 , 10 , 8 , 10 , 11 , 9 , 5 , 5 , 3 , 0 , 3 , 2 , 3 , 0 , 0 , 0 , 3 ,
 0 , 0 , 0 , 0 , 0 , 1
Momente (0/1/2): 249 18801 1430527
Beobachtete Intensität (# Ereignisse pro Zeiteinheit): 75.50603

            Kontrolle(1)/ Korrektur(2)/ Ende P1<ENTER>:

*********************************** Ende P1 ***********************************
Wahl der Programm-Sektion (1/2/3/4/5/6/7/8) oder Ende<ENTER>:2
*********************************** Begin P2***********************************
Poisson-Verteilung(1)/ Binomial-Verteilung(2):1

Wenn Lambda = 75.50603 <ENTER>, sonst neuer Lambda-Wert:
                 Multiplikator (default=1) ? 100
   Minimalwert (Wahrsch.* Multiplik.) beim Ausdruck ? .5
            Maximalwert von k (Anzahl) beim Ausdruck ? 100

POISSONVERTEILUNG mit Lambda = 75.50603   (Multiplikator = 100):

    58 :   .5753236   2.177291
    59 :   .736278   2.913569
    60 :   .9265571   3.840126
    61 :   1.146896   4.987022
    62 :   1.396735   6.383756
    63 :   1.673998   8.057755
    64 :   1.974953   10.03271
    65 :   2.294167   12.32687
    66 :   2.624597   14.95147
    67 :   2.957805   17.90928
    68 :   3.284295   21.19357
    69 :   3.593972   24.78754
    70 :   3.876665   28.66421
    71 :   4.122698   32.7869
    72 :   4.323452   37.11036
    73 :   4.471873   41.58223
    74 :   4.562883   46.14511
    75 :   4.593669   50.73878
weiter<ENTER>/ Ende(sonst):
    76 :   4.563812   55.3026
    77 :   4.475263   59.77786
    78 :   4.332171   64.11003
    79 :   4.14057   68.2506
    80 :   3.907975   72.15857
    81 :   3.642909   75.80148
    82 :   3.35441   79.15588
    83 :   3.051544   82.20743
    84 :   2.742976   84.9504
    85 :   2.436603   87.387
    86 :   2.139281   89.52628
    87 :   1.856651   91.38294
    88 :   1.593049   92.97598
    89 :   1.351515   94.3275
    90 :   1.133861   95.46136
    91 :   .940806   96.40216
    92 :   .7721362   97.17429
    93 :   .6268918   97.80119

weiter<ENTER>/ Ende(sonst):
 94 : .5035544   98.30474
********************************* Ende P2 *********************************
Wahl der Programm-Sektion (1/2/3/4/5/6/7/8) oder Ende<ENTER>:7
********************************* Begin P7*********************************
Wenn: Lambda = 75.50603
      Gruppierungsschranke = 5
dann<ENTER>:

 58 : 0   5.421458   5.421458
 61 : 4   6.996237   12.41769
 63 : 5   7.646134   20.06383
 65 : 6   10.63012   30.69395
 66 : 4   6.535254   37.2292
 67 : 6   7.364941   44.59414
 68 : 9   8.177903   52.77204
 69 : 11 8.948998   61.72104
 70 : 8   9.652908   71.37395
 71 : 11 10.26553   81.63948
 72 : 17 10.7654   92.40488
 73 : 13 11.13497   103.5399
 74 : 19 11.36159   114.9014
 75 : 19 11.43825   126.3397
 76 : 14 11.3639   137.7036
 77 : 14 11.14342   148.847
 78 : 16 10.78711   159.6341
 79 : 10 10.31003   169.9441
Break in 7130
Ok
CONT
 80 : 8   9.730866   179.675
 81 : 10 9.070846   188.7459
 82 : 11 8.352493   197.0983
 83 : 9   7.598358   204.6967
 84 : 5   6.830017   211.5267
 85 : 5   6.067139   217.5939
 86 : 3   5.326813   222.9207
 88 : 3   8.589752   231.5104
 90 : 5   6.188599   237.699
 93 : 0   5.826187   243.5252
  ^ : 4   5.474793   249
D = 42.97592 29 Gruppen
********************************* Ende P7 *********************************
Wahl der Programm-Sektion (1/2/3/4/5/6/7/8) oder Ende<ENTER>:3
********************************* Begin P3*********************************
 erster Schätzwert ?
 zweiter Schätzwert ? .0001

Iteration Nr. 1 : 0 7862.75
                  .0001 7752.875
Iteration Nr. 2 : .0001 7752.875
                  7.156086E-03 -80008
Iteration Nr. 3 : .0001 7752.875
                  7.233411E-04 6927.5
Iteration Nr. 4 : 7.233411E-04 6927.5
                  5.955139E-03 -34007.75
Iteration Nr. 5 : 7.233411E-04 6927.5
                  1.608722E-03 5219.5
Iteration Nr. 6 : 1.608722E-03 5219.5
                  4.314369E-03 -8404.25
Iteration Nr. 7 : 1.608722E-03 5219.5
                  2.645303E-03 2010.75
Iteration Nr. 8 : 2.645303E-03 2010.75
                  3.294872E-03 -1025.25

Fortsetzung<ENTER>/ Abbruch(sonst)
Iteration Nr. 9 : 3.294872E-03 -1025.25
                 3.075514E-03 112.625
Iteration Nr. 10 : 3.075514E-03 112.625
                  3.097226E-03 5.875
Iteration Nr. 11 : 3.097226E-03 5.875
                  3.098421E-03 0
Iteration Nr. 12 : 3.098421E-03 0
                  3.098421E-03 0

h= 3.098421E-03   Lambda= 98.56533
********************************* Ende P3 ***********************************
Wahl der Programm-Sektion (1/2/3/4/5/6/7/8) oder Ende<ENTER>:4
********************************* Begin P4**********************************
Wenn: T = 1
      h = 3.098421E-03
      Lambda = 98.56533
dann<ENTER>:
                   n-Minimum ? 55
                   n-Maximum ? 100
Multiplikator (default=1) 100

MODIFIZIERTE · POISSONVERTEILUNG
h = 3.098421E-03
Lambda = 98.56533
T = 1
(Multiplikator = 100)

 55 : 4.511784E-02   .108333
 56 : 7.279341E-02   .1811264
 57 : .1144363   .2955627
 58 : .175336   .4708987
 59 : .2619016   .7328002
 60 : .3814584   1.114259
 61 : .5419002   1.656159
 62 : .7509921   2.407151
 63 : 1.015502   3.422653
 64 : 1.34019   4.762844
 65 : 1.726424   6.489268
 66 : 2.17135   8.660618
 67 : 2.66667   11.32729
 68 : 3.198653   14.52594
 69 : 3.747571   18.27351
 70 : 4.289606   22.56312
 71 : 4.797831   27.36095
 72 : 5.244002   32.60495
Break in 4200
Ok
CONT
 73 : 5.602143   38.20709
 74 : 5.849842   44.05694
 75 : 5.972348   50.02928
 76 : 5.961331   55.99061
 77 : 5.818871   61.80949
 78 : 5.554478   67.36396
 79 : 5.186165   72.55013
 80 : 4.736412   77.28654
 81 : 4.231209   81.51775
 82 : 3.698593   85.21634
 83 : 3.163452   88.37979
 84 : 2.64711   91.0269
 85 : 2.167618   93.19452
 86 : 1.737579   94.9321
 87 : 1.362534   96.29463
 88 : 1.046516   97.34115
 89 : .7860641   98.12721
 90 : .5787048   98.70592
Break in 4200

```
Ok
CONT
 91 : .4169617     99.12288
 92 : .2934342     99.41631
 93 : .2030487     99.61936
 94 : .1372681     99.75663
 95 : 9.039307E-02   99.84702
 96 : 5.895996E-02   99.90598
 97 : 3.760529E-02   99.94359
 98 : 2.272034E-02   99.96631
 99 : 1.441193E-02   99.98072
 100 : 8.033753E-03   99.98876
******************************** Ende P4 ********************************
Wahl der Programm-Sektion (1/2/3/4/5/6/7/8) oder Ende<ENTER>:8
******************************** Begin P8********************************
Wenn: h = 3.098421E-03
        Lambda = 98.56533
        Gruppierungsschranke = 5
dann<ENTER>:
k-Minimum ? 60
 62 : 5   5.993805   5.993805
 64 : 6   5.865671   11.85948
 66 : 8   9.705481   21.56496
 67 : 6   6.639977   28.20493
 68 : 9   7.964661   36.1696
 69 : 11  9.331451   45.50105
 70 : 8   10.68111   56.18216
 71 : 11  11.94659   68.12876
 72 : 17  13.05758   81.18633
 73 : 13  13.9493    95.13562
 74 : 19  14.56609   109.7017
 75 : 19  14.87122   124.573
 76 : 14  14.84368   139.4166
 77 : 14  14.48895   153.9056
 78 : 16  13.83061   167.7362
 79 : 10  12.91367   180.6499
 80 : 8   11.79369   192.4435
 81 : 10  10.53554   202.9791
Break in 8210
Ok
CONT
 82 : 11  9.209518   212.1886
 83 : 9   7.87706    220.0657
 84 : 5   6.591248   226.6569
 85 : 5   5.397476   232.0544
 87 : 3   7.719132   239.7735
  ^ : 12  9.226486   249
D = 12.41113   24  Gruppen
******************************** Ende P8 ********************************
Wahl der Programm-Sektion (1/2/3/4/5/6/7/8) oder Ende<ENTER>:5
******************************** Begin P5********************************
T = 1  vorausgesetzt
Wenn h = 3.098421E-03   dann<ENTER>:
zugehöriges Lambda: 98.56533  wenn OK, dann<ENTER>:
-LogLikelihood= 823.8885
Noch ein Wert<ENTER>/ Ende(sonst):
h-Wert ? .0032
zugehöriges Lambda: 99.56216  wenn OK, dann<ENTER>:
-LogLikelihood= 824.7231
Noch ein Wert<ENTER>/ Ende(sonst):
h-Wert ? .0030
zugehöriges Lambda: 97.61834  wenn OK, dann<ENTER>:
-LogLikelihood= 824.8256
Noch ein Wert<ENTER>/ Ende(sonst):
h-Wert ? 3.098421E-03
zugehöriges Lambda: 98.56533  wenn OK, dann<ENTER>:x
Lambda ? 99
```

```
-LogLikelihood= 824.0572
Noch ein Wert<ENTER>/ Ende(sonst):
h-Wert ? 3.098421E-03
zugehöriges Lambda: 98.56533  wenn OK, dann<ENTER>:x
Lambda ? 98
-LogLikelihood= 824.0807
Noch ein Wert<ENTER>/ Ende(sonst):x
********************************** Ende P5 **********************************
Wahl der Programm-Sektion (1/2/3/4/5/6/7/8) oder Ende<ENTER>:6
********************************** Begin P6**********************************
Achtung: Zählungen pro Zeiteinheit
unter Einbezug des Hintergrundes eintragen!
   Quelle 1 ? 383.67
 Quelle 1+2 ? 445.57
   Quelle 2 ? 371.97
Hintergrund ? 2.49
h= 1.851007E-03
********************************** Ende P6 **********************************
Wahl der Programm-Sektion (1/2/3/4/5/6/7/8) oder Ende<ENTER>:
sicher<ENTER>/ zurück(sonst):
**********************************   ENDE   **********************************
Ok
system
```

Literaturhinweise

[1] Andersen, A. H., N. Keiding et al.: *Opgavesamling i anvendt statistik*, Afdeling for teoretisk statistik, Aarhus Universitet 1976

[2] Bohr, N.: *Atomphysik und menschliche Erkenntnis*, Vieweg, Braunschweig 1987. Siehe dort S. 31–66.

[3] Bortkiewicz, L. von: *Das Gesetz der kleinen Zahlen*, Springer, Berlin 1898.

[4] Bortkiewicz, L. von: *Die radioaktive Strahlung als Gegenstand wahrscheinlichkeitstheoretischer Untersuchungen*, Springer, Berlin 1913

[5] Boyer, C. B. et al. (Hrsg.): *Dictionary of Scientific Biographies*, Scribners 1970–1978

[6] Brockmeyer, E., H. L. Halmstrøm und A. Jensen: *The Life and Works of A. K. Erlang*, Acta Polytechnica Scandinavica 1960

[7] Chadwick, J. (wissenschaftliche Beratung): *The Collected Papers of Lord Rutherford of Nelson*, Vol. I, II, George Allen and Unwin 1962–1963

[8] Evans, R. D.: *The atomic nucleus*, McGraw-Hill, New York 1972

[9] Faure, G.: *Principles of isotope geology*, Wiley, New York 1984

[10] Feller, W.: *An Introduction to Probability Theory and its Applications*, Wiley, New York 1957 (Vol. I, 2. Aufl.), 1966 (Vol. II)

[11] Hald, A.: *Statistical Theory with Engineering Applications*, Wiley, New York 1952

[12] Johansen, A., L. Sarholt-Kristensen und K. G. Hansen: *Risikomomenter ved anvendelse af ioniserende stråling i fysikundervisningen*, H. C. Ørsted Institutet 1980

[13] Obel, S., K. Kristensen und K. Heydorn: *Experimentel kernefysik*, Gyldendal 1970

[14] Pearson, E. S. und J. Wishart (Hrsg.): *"Student's" Collected Papers*, Cambridge University Press, Cambridge, 1958

[15] Waerden, B. L. van der (Hrsg.): *Sources of quantum mechanics*, Dover 1967

[16] Frauenfelder, H. und E. M. Henley: *Teilchen und Kerne: subatomare Physik*, Oldenbourg, München, 2. Auflage 1987

[17] Mayer-Kuckuk, T.: *Atomphysik*, Teubner, Stuttgart, 3. Auflage 1985

[18] Schilpp, P. A. (Hrsg.): *Albert Einstein als Philosoph und Naturforscher*, Vieweg, Braunschweig 1979. Siehe dort S. 493 und 494.

Namen- und Sachwortverzeichnis

Facetten der Physik

begründet von Prof. Dr. Roman U. Sexl

Die Lektüre der insgesamt fünfzehn Kapitel über die erlebten Träume des Mr. Tompkins in seinem Versuch, moderne Wissenschaft zu verstehen, ist ein Hochgenuß, hauptsächlich wegen der überraschenden Geistesblitze, die dem Autor — einem in die Physikgeschichte eingegangenen Wissenschaftler — eingefallen sind.

Dabei hatte es Gamov sehr schwer, diese Nicht-Science-Fiction-Geschichten an den Mann zu bringen. Er schrieb die ersten im Jahre 1938, und erst nach mehreren Mißerfolgen nahm das populärwissenschaftliche Magazin „Discovery" diese Geschichten auf Rat des Enkels von Charles Darwin auf. Schon nach dem Eingang der ersten Geschichte schrieb der Herausgeber an Gamov: „Schicken Sie mehr."   (Bild der Wissenschaft)

Band 12 Forman/von Meyenn, Quantenmechanik und
Weimarer Republik   (in Vorbereitung)

Band 13 Lichtenberg, Aphoristisches zwischen Physik
und Dichtung

Band 14 Fraunberger/Teichmann, Das Experiment in
der Physik

Band 15 Pauli, Physik und Erkenntnistheorie

Band 16 Schroeer, Physik verändert die Welt?
Die gesellschaftliche Dimension der
Naturwissenschaft

Band 17 Franks, Polywasser. Betrug oder Irrtum in der
Wissenschaft?

Band 18 Trigg, Experimente der modernen Physik.
Schritte zur Quantenphysik

Band 19 Holton, Themata. Zur Ideengeschichte der
Physik

Band 20 Bohr, Atomphysik und menschliche
Erkenntnis

Band 21 Weber, Kammerphysikalische Kostbarkeiten

Band 22 Saunders, Katastrophentheorie. Eine Einführung
für Naturwissenschaftler

In der Natur laufen keineswegs nur stetige Prozesse ab — Wellen brechen, Brücken stürzen ein, Zellen teilen sich; man denke auch an die Bildung unterschiedlicher Gewebe im Verlauf der Embryonalentwicklung. Allen diesen Beispielen ist gemein, daß plötzliche, sprunghafte Änderungen — Diskontinuitäten — auftreten; der französische Mathematiker René Thom nannte sie „Katastrophen".

Dieses Buch führt in die Grundlagen der Katastrophentheorie ein und stellt eine Reihe von Anwendungen vor. Das Spektrum dieser Anwendungen reicht von der Physik bis hin zur Biologie und den Sozialwissenschaften.

Band 23 Aichelburg (Hrsg.), Zeit im Wandel der Zeit

Band 24 Brush, Die Temperatur der Geschichte.
Wissenschaftliche und kulturelle Phasen
im 19. Jahrhundert

Band 25 Rosenthal-Schneider, Begegnungen mit
Einstein, von Laue und Planck.
Realität und wissenschaftliche Wahrheit

Mit diesem Buch vermittelt die Autorin ein facettenartiges Bild
der Ansichten der drei Physik-Nobelpreisträger Einstein, von
Laue und Planck. Hierbei stehen philosophische und erkennt-
nistheoretische Fragen zur Relativitätstheorie und zur Quantenmechanik im Mittelpunkt. Anhand ihrer Gespräche, Diskussionen und ihres Briefverkehrs — sie stand seit ihrer Studienzeit
mit den drei Physikern in Kontakt — verdeutlicht sie den Zusammenhang zwischen der Persönlichkeit der drei Männer und
ihren philosophischen Haltungen. Das Buch enthält bisher un-
veröffentlichte Briefe Einsteins, von Laues und Plancks. In
einem Vorwort beleuchtet der renommierte Wissenschafts-
historiker Arthur Miller das intellektuelle und wissenschaftliche
Klima, in welchem die drei Nobelpreisträger arbeiteten, und
erläutert die im Buch angesprochenen Probleme.

Band 26 Einstein, Über die spezielle und die allgemeine
Relativitätstheorie

„Das vorliegende Büchlein soll solchen eine möglichst exakte
Einsicht in die Relativitätstheorie vermitteln, die sich vom allgemein wissenschaftlichen, philosophischen Standpunkt für die
Theorie interessieren, ohne den mathematischen Apparat der
theoretischen Physik zu beherrschen. Die Lektüre setzt etwa
Maturitätsbildung und — trotz der Kürze des Büchleins — ziemlich viel Geduld und Willenskraft beim Leser voraus."

Albert Einstein
(Aus dem Vorwort)